本书由国家重点研发计划“大范围长历时干旱灾害成灾机理及演变规律”（2017YFC1502401）课题经费资助

气候变化情景下中国未来干旱演变特征

QIHOU BIANHUA QINGJING XIA ZHONGGUO WEILAI GANHAN YANBIAN TEZHENG

顾颖 倪深海 刘静楠 王亨力◎著

河海大学出版社
·南京·

内容提要

随着全球气候变化和人类活动扰动加强，大范围长历时干旱发生的可能性增加。本书研究了1980年以来中国干旱灾害发生的时空分布特征，依据第六次国际耦合模式比较计划(CMIP6)的第二代中等分辨率气候系统模式(BCC-CSM2-MR)情景试验的2015—2100年气象水文数据，分析了中国未来(2021—2100年)气候变化趋势，研究了气候变化情景下中国未来气象干旱、水文干旱和农业干旱灾害演变趋势及特征，为中国大范围长历时干旱监测预报、风险评估预警及调控提供科技支撑。

本书可供从事气象、水文、农业干旱研究相关工作的科研、技术和管理人员阅读、使用，也可供相关专业的高校师生参考。

图书在版编目(CIP)数据

气候变化情景下中国未来干旱演变特征 / 顾颖等著. --南京：河海大学出版社，2022.6
ISBN 978-7-5630-7525-6

Ⅰ.①气… Ⅱ.①顾… Ⅲ.①干旱—气候变化—研究—中国 Ⅳ.①P426.615

中国版本图书馆CIP数据核字(2022)第081729号

书　　名　气候变化情景下中国未来干旱演变特征
书　　号　ISBN 978-7-5630-7525-6
责任编辑　成　微
特约校对　徐梅芝
封面设计　徐娟娟
出版发行　河海大学出版社
地　　址　南京市西康路1号(邮编：210098)
电　　话　(025)83737852(总编室)
　　　　　(025)83722833(营销部)
　　　　　(025)83787769(编辑室)
经　　销　江苏省新华发行集团有限公司
排　　版　南京布克文化发展有限公司
印　　刷　广东虎彩云印刷有限公司
开　　本　718毫米×1000毫米　1/16
印　　张　8.125
字　　数　145千字
版　　次　2022年6月第1版
印　　次　2022年6月第1次印刷
定　　价　59.00元

前言
Preface

干旱的形成主要缘于气候变化及人类活动的影响。随着全球气候变化和人类活动扰动加强，大范围长历时干旱发生的可能性增加。全球气候变化是目前受到特别关注的热点问题。全球气候变化的主要关键点在于气温上升，气温的变化使得许多气象因素发生改变，从而引起人们对未来环境及极端气象风险的关注。本书注重于研究未来气候变化对我国干旱事件严重程度、发生频率、发生范围等的影响；从我国干旱的特点出发，在全球未来气候变化条件下，依据全球气候模式(GCM)的预测数据，分别从我国气象干旱、水文干旱和农业干旱这几个方面出发，对我国未来干旱情势的变化和趋势进行研究和分析，从而揭示我国在气候变化情景下大范围长历时干旱及灾害未来可能的新格局，为在未来全国范围内的干旱监测、预报、风险评估及调控提供参考信息。

本书分为七章。第一章介绍了研究目标及主要内容；第二章分析了干旱指标及干旱现状；第三章研究了我国未来气候变化趋势；第四章研究了气候变化情景下气象干旱特征变化及趋势；第五章研究了气候变化情景下水文干旱特征变化及趋势；第六章研究了气候变化情景下农业干旱特征变化及趋势；第七章研究了气候变化情景下我国干旱的新格局与演变特征。

本书得到了水利、气象、农业等行业专家的指导，主要研究成果是在国家重点研发计划“大范围长历时干旱灾害成灾机理及演变规律”(2017YFC1502401)课题经费资助下完成的，在此一并表示衷心感谢！

限于作者水平，书中难免存在疏漏和不妥之处，恳请读者批评指正。

作　者

2021年12月6日于清凉山

目录

Contents

第一章
绪　论

1.1　研究目标及主要研究内容

干旱的形成主要缘于气候变化及人类活动的影响。随着全球气候变化和人类活动扰动加强，大范围长历时干旱发生的可能性增加。全球气候变化是目前受到特别关注的热点问题。全球气候变化的主要关键点在于气温上升，气温的变化使得许多气象因素发生改变，由此引起人们对未来环境及极端气象风险的关注。本书注重于研究未来气候变化对我国干旱事件严重程度、发生频率、发生范围等的影响。

本书的研究目标是从我国干旱的特点出发，在全球未来气候变化条件下，依据全球气候模式（GCM）的预测数据，分别从我国气象干旱、水文干旱和农业干旱这几个方面对我国未来干旱情势的变化和趋势进行研究和分析，从而揭示我国在气候变化情景下大范围长历时干旱及灾害未来可能的新格局，为在未来全国范围内的干旱监测、预报、风险评估及调控提供参考信息。

本书的主要研究内容：对我国自 1980 年以来，在近 40 年气候变化情景下大范围干旱灾害发生的时空分布特征进行分析，并与历史干旱及灾害发生的强度、频次以及空间格局进行比对，分析和判断气候变化情景下大范围长历时干旱及灾害发生发展的空间分布。采用联合国政府间气候变化专门委员会（IPCC）的第六次评估报告（AR6）中国家气候中心研制开发的 BCC-CSM2-MR 模式的模拟结果，对我国未来降水、气温可能的变化做出分析，研究和探索在气候变化背景下我国干旱演变趋势及特征，明晰气象因子与干旱及灾害的关系，诊断气候变化情景下未来大范围长历时干旱灾害演变趋势。

1.2 研究技术路线

干旱是我国发生频次最高、影响范围最广、造成损失最严重的自然灾害之一。本书以形成我国干旱的自然条件、特点和空间分布为主线，从形成干旱的气候背景和自然地理特征出发，研究分析我国现状干旱的空间分布格局；充分了解我国现代干旱形成的主要因素和特征，在对历史干旱和气象因子的统计分析中，探寻气候变暖对干旱的影响程度及气象因子与干旱之间的相互关联关系；考虑到全球气候模式是目前预测未来气候变化情势的重要工具，其驱动要素主要为假定的社会经济发展情景下的温室气体排放量，尽管全球气候模式存在不确定性而被许多学者质疑，但至今仍是预测未来气候情景必要和信赖的主要手段。本书将对由 IPCC(AR6)的 GCM 模式给出的我国部分未来气候变化数据进行深入分析，以此作为对我国干旱未来发展趋势的主要影响因素和依据，对我国的气象、水文和农业等方面的干旱变化及趋势进行预测和评估。

研究的技术路线主要包括资料收集、技术研发、对比分析、格局和趋势研判几个方面。

——资料收集：对国内外相关研究成果进行调研、整理。收集整理中华人民共和国成立以来历史重大干旱灾害的相关资料和数据；收集水文、气象、下垫面、水利工程蓄水、历年农业受旱信息和数据。

——技术研发：研发未来降水、气温、蒸发、径流变化趋势预测技术。

——对比分析：分析历史干旱灾害发生的频次、空间格局及旱灾损失，与近 40 年气候变化情景下大范围干旱灾害发生的时空分布特征进行对比分析。

——格局研判：研判近 40 年来气候变化背景下我国干旱灾害频发新格局。诊断气候变化背景下未来大范围长历时干旱灾害演变趋势。

1.3 研究方法及分区

1.3.1 研究方法

我国的干旱及灾害有多种类型，其中与自然气候因素变化密切相关的有气象干旱、水文干旱和农业干旱三种主要干旱。本书将注重研究这三种干旱在未来气候变化条件下，干旱严重程度、发生频率、发生范围的变化，以达到对我国干旱未来发展趋势和新格局的预测和评估。

本书将采用对干旱致灾因子相互耦合的模拟和对历史干旱概率统计评估两种技术来分析研究中国干旱灾害及风险特征；研究变化环境条件下我国各大区域干旱发生的区域特征，分析气候变化以来（1980—2020年）我国分时段的干旱发生发展的频次、强度和空间格局；阐述和揭示不同时段关键气象要素对干旱的影响、气候变暖对干旱及灾害的影响，明确和建立我国干旱及灾害与主要气象影响因子的关系；并由此对我国在未来气候变化条件下可能的气象干旱、水文干旱和农业干旱的发展趋势进行分析和评估。

1.3.2 研究分区

我国地大物博，气候类型复杂多样，属于全球气候变暖的敏感区之一。为揭示气候变化情景下干旱对气候变化的响应及其发生发展规律，充分反映我国干旱的区域和空间分布特点，针对不同类型的干旱，采取了不同的研究分区。

1. 气象干旱与农业干旱研究分区

根据我国气象干旱形成的自然背景、干旱特征及地域分布特点，并与采集的干旱基本数据相匹配，在研究我国气象干旱和农业干旱分布规律和变化趋势时，将全国划分为九大研究区，分别为东北、黄淮海、长江中下游、华南、西南、西北，内蒙古、新疆、西藏各单列一区。以全国31个省（直辖市、自治区）（不含港、澳、台）为基本数据统计单元，各研究区范围见表1-1。

表1-1 气象干旱与农业干旱研究区范围

序号	研究区	所含的省（直辖市、自治区）
1	东北	辽宁，吉林，黑龙江
2	黄淮海	北京，天津，河北，陕西，山东，河南
3	长江中下游	上海，江苏，浙江，安徽，江西，湖北，湖南
4	华南	福建，广东，广西，海南
5	西南	重庆，四川，贵州，云南
6	西北	陕西，甘肃，青海，宁夏
7	内蒙古	内蒙古
8	新疆	新疆
9	西藏	西藏

气候变化情景下各研究区主要气象因子和受旱率基本情况见表 1-2。

表 1-2 气象干旱与农业干旱研究区基本情况[①]

序号	研究区	1980—2020 年多年平均值		
		降水量/mm	蒸发量/mm	受旱率/%
1	东北	620.8	1 360.3	25.54
2	黄淮海	592.1	1 711.3	17.57
3	长江中下游	1 346.8	1 362.8	9.14
4	华南	1 701.7	1 638.1	7.81
5	西南	1 077.2	1 673.3	12.01
6	西北	409.1	1 629.6	23.82
7	内蒙古	317.5	1 909.2	25.45
8	新疆	112.2	2 310.7	7.08
9	西藏	472.3	1 995.0	—

从表 1-2 可知，在九大研究区中，多年平均(1980—2020)年降水量最少的是新疆，为 112.2 mm，最多的是华南，为 1 701.7 mm；从蒸发量来看，多年平均年蒸发量最少的是东北，为 1 360.3 mm，最大的是新疆，为 2 310.7 mm；受旱率最大的是东北，为 25.54%，最低的是新疆，为 7.08%。

2. 水文干旱研究分区

在进行水文干旱变化与趋势研究时，针对我国水文及流域的特点，以全国水资源一级区作为研究分区，分别为松花江、辽河、海河、黄河、淮河、长江、东南诸河、珠江、西南诸河、西北诸河共 10 个区。我国径流的分布格局为南方水资源区径流量都要大于北方水资源区的径流量。各区的基本情况见表 1-3。

表 1-3 水文干旱研究区基本情况

序号	研究区	流域面积/万 km^2	多年平均径流深/mm		1956—2020 年多年平均年降水量/mm	平均年气温/℃
			1956—2000 年	1956—2020 年		
1	松花江	92.49	138.6	139.0	472.8	3.42
2	辽河	31.38	129.9	124.5	517.1	6.29

① 本书计算数据或因四舍五入原则存在微小数值偏差，可忽略。

续 表

序号	研究区	流域面积/万 km^2	多年平均径流深/mm		1956—2020年多年平均年降水量/mm	平均年气温/℃
			1956—2000年	1956—2020年		
3	海河	31.82	67.5	60.1	540.4	11.52
4	黄河	79.21	74.8	73.5	442.9	7.38
5	淮河	33.17	205.1	209.7	860.4	14.13
6	长江	180	552.9	550.7	1 025.7	13.46
7	东南诸河	24.06	1 085.3	932.6	1 574.3	18.21
8	珠江	57.78	815.7	833.0	1 573.0	20.45
9	西南诸河	84.69	684.2	672.7	301.7	8.39
10	西北诸河	338.71	34.9	35.8	173.7	6.73

1.3.3 基本数据采用及来源

本书在干旱分析和研究中采用了大量全国的气象数据、水文水资源数据、农业受旱数据和未来气候变化数据，这些数据来源如下：

① 我国气象历史数据来源于中国气象数据网上的“中国地面累年值月值数据集(1980—2010年)”，“中国地面气候标准值月值数据集”；

② 我国各区域受旱数据来源于《中国统计年鉴》；

③ 我国水文水资源数据来源于《中国水资源公报》；

④ 我国未来气候变化数据采用IPCC(AR6)下国家气候中心研制开发的BCC-CSM2-MR模式的中国未来(2015—2100年)气候要素空间分辨率为0.5°×0.5°的逐月模拟结果。

第二章
干旱指标及现状分析

针对气象干旱、水文干旱和农业干旱产生的自然影响因素、干旱表现形式以及发生发展的特点，分别选择了各自具有代表性的干旱指标作为不同干旱的表征指标，通过这些指标来研究分析我国干旱时空分布特征以及发生频次和强度，讨论和分析这些干旱指标在未来的变化及趋势，以此对我国未来各类干旱可能的演变趋势进行预测和评估。

2.1 气象干旱指标及现状分析

2.1.1 气象干旱指标计算

干旱不仅受到降水的影响，而且与蒸散密切相关。2010 年 Vicente-Serrano 采用降水与蒸散的差值构建了标准化降水蒸发指数（*SPEI*），并采用 3 个参数的 log-logistic 概率分布函数来描述其变化，通过正态标准化处理，最终用标准化降水与蒸散差值的累积频率分布来划分干旱等级。标准化降水蒸散指数计算步骤如下。

① 计算潜在蒸散量（*PET*）

Vicente-Serrano 推荐的是 Thornthwaite 方法，该方法的优点是考虑了温度变化，能较好反映地表潜在蒸散。

Thornthwaite 方法求算潜在蒸散量是以月平均温度为主要依据，并考虑纬度因子（日照长度）建立经验公式，需要输入的因子少，计算方法简单。

$$PET_i = 16.0\left(\frac{10T_i}{H}\right)^A \tag{2-1}$$

式中：PET_i 为潜在蒸散量，此处指月潜在蒸散量，mm/月；T_i 为月平均气温，℃；H 为年热量指数；A 为常数。

各月热量指数 H_i：

$$H_i = \left(\frac{T_i}{5}\right)^{1.514} \tag{2-2}$$

年热量指数 H：

$$H = \sum_{i=1}^{12}\left(\frac{T_i}{5}\right)^{1.514} \tag{2-3}$$

常数 A：

$$A = 6.75\times10^{-7}H^3 - 7.71\times10^{-5}H^2 + 1.792\times10^{-2}H + 0.49 \tag{2-4}$$

当月平均气温 $T_i \leqslant 0$ 时，月热量指数 $H_i = 0$，潜在蒸散量 $PET_i = 0$。

② 计算逐月降水量与潜在蒸散量的差值

$$D_i = P_i - PET_i \tag{2-5}$$

式中：D_i 为降水量与潜在蒸散量的差值；P_i 为月降水量；PET_i 为月潜在蒸散量。

③ 差值数据序列正态化处理

对降水量与潜在蒸散量的差值 D_i 数据序列进行正态化处理，计算每个数值对应的 $SPEI$ 指数。由于原始数据序列 D_i 中可能存在负值，所以 $SPEI$ 指数采用了3个参数的log-logistic概率分布。log-logistic概率分布的累积函数如下：

$$F(x) = \left[1 + \left(\frac{\alpha}{x-\gamma}\right)^{\beta}\right]^{-1} \tag{2-6}$$

式中：参数 α、β 和 γ 为尺度、形状和位置参数，分别采用线性矩的方法拟合获得。

$$\alpha = \frac{(\omega_0 - 2\omega_1)\beta}{\Gamma(1+1/\beta)\Gamma(1-1/\beta)} \tag{2-7}$$

$$\beta = \frac{2\omega_1 - \omega_0}{6\omega_1 - \omega_0 - 6\omega_2} \tag{2-8}$$

$$\gamma = \omega_0 - \alpha\Gamma(1+1/\beta)\Gamma(1-1/\beta) \tag{2-9}$$

Γ 为阶乘函数，ω_0，ω_1，ω_2 为原始数据序列 D_i 的概率加权矩。

$$\omega_S = \frac{1}{N}\sum_{i=1}^{N}(1-F_i)^S D_i \quad (S = 0,1,2) \tag{2-10}$$

$$F_i = \frac{i-0.35}{N} \tag{2-11}$$

式中：N 为参与计算的月份数。

对累积概率密度进行标准化：

$$P = 1 - F(x) \tag{2-12}$$

当累积概率 $P \leqslant 0.5$ 时，

$$W = \sqrt{-2\ln P} \tag{2-13}$$

$$SPEI = W - \frac{c_0 + c_1 W + c_2 W^2}{1 + d_1 W + d_2 W^2 + d_3 W^3} \tag{2-14}$$

当累积概率 $P > 0.5$ 时，

$$W = \sqrt{-2\ln(1-P)} \tag{2-15}$$

$$SPEI = -\left(W - \frac{c_0 + c_1 W + c_2 W^2}{1 + d_1 W + d_2 W^2 + d_3 W^3}\right) \tag{2-16}$$

式中：常数 $c_0 = 2.515\,517$，$c_1 = 0.802\,853$，$c_2 = 0.010\,328$，$d_1 = 1.432\,788$，$d_2 = 0.189\,269$，$d_3 = 0.001\,308$。

依据标准化降水蒸发指数（*SPEI*）划分干旱等级，将气象干旱划分为 5 个等级，其中最严重为特旱，其 *SPEI* 值小于等于−2.0，见表 2-1。

表 2-1　依据标准化降水蒸发指数(*SPEI*)的干旱等级划分标准

等级	类型	*SPEI* 值
0	无旱	>-0.5
1	轻旱	$(-1.0,-0.5]$
2	中旱	$(-1.5,-1.0]$
3	重旱	$(-2.0,-1.5]$
4	特旱	$\leqslant -2.0$

2.1.2　气象干旱现状分析

根据由全国九大区域年降水量和蒸发量计算出的 1980—2020 年标准化降水蒸发指数进行气象干旱分析，将气象干旱分为无旱、轻旱、中旱、重旱和特旱 5 个等级。华南地区 1991 年、2003 年发生气象干旱的特旱，黄淮海地区 1999 年发生气象干旱的特旱，西南地区 2009—2011 年发生特旱，长江中下游地区 2011

年发生特旱，全国九大区域标准化降水蒸发指数（*SPEI*）变化过程图见图 2-1。

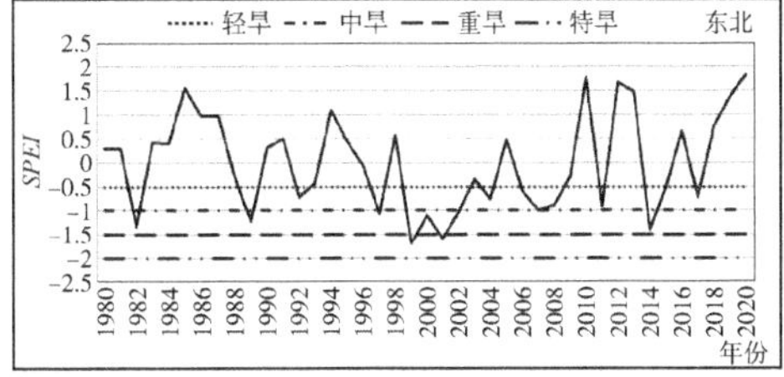

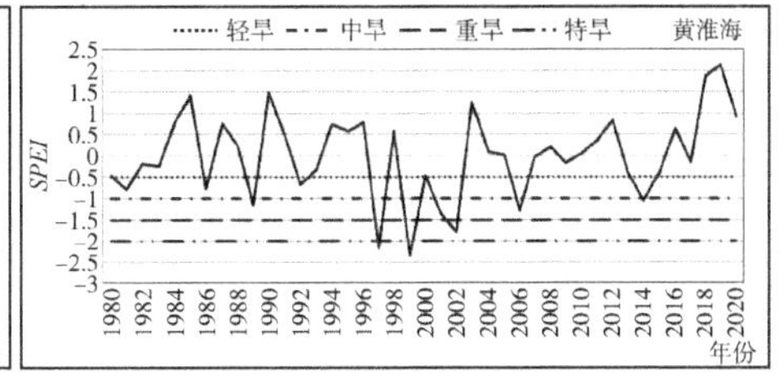

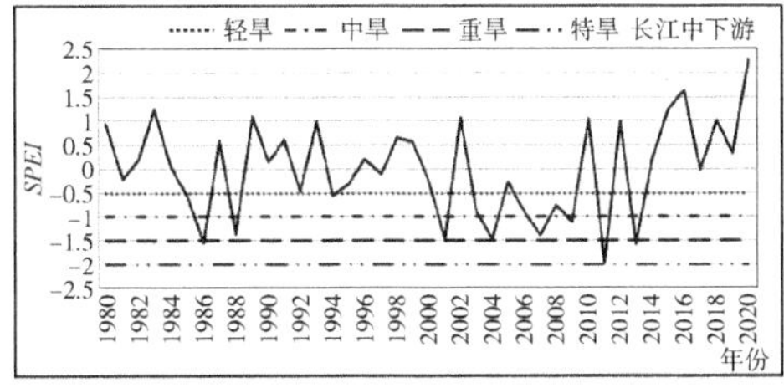

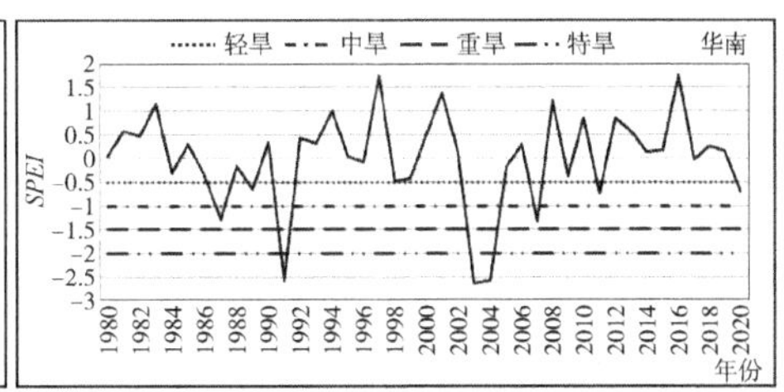

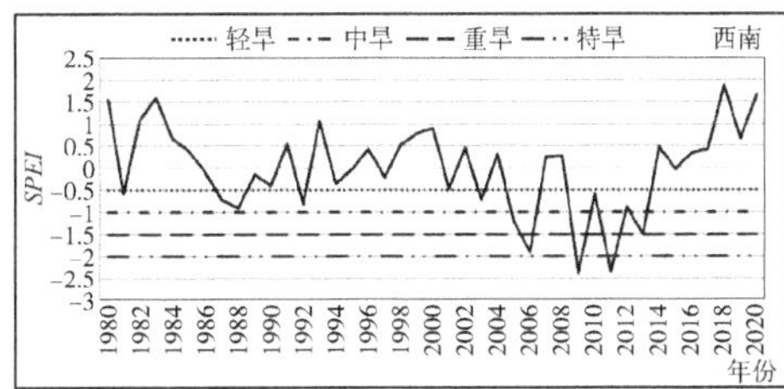

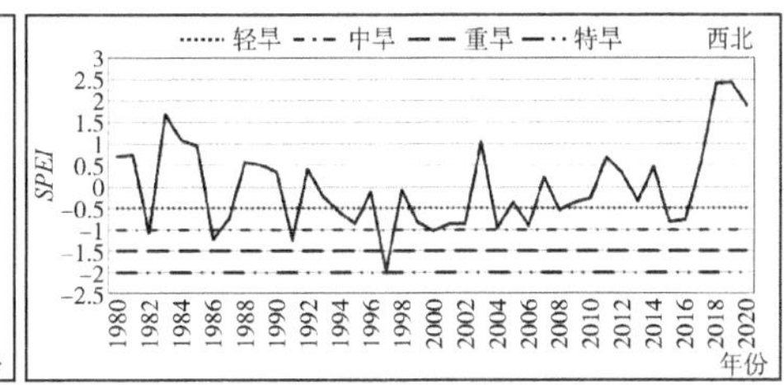

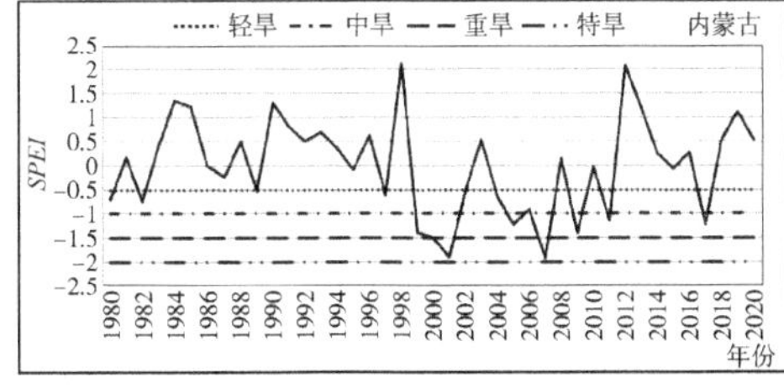

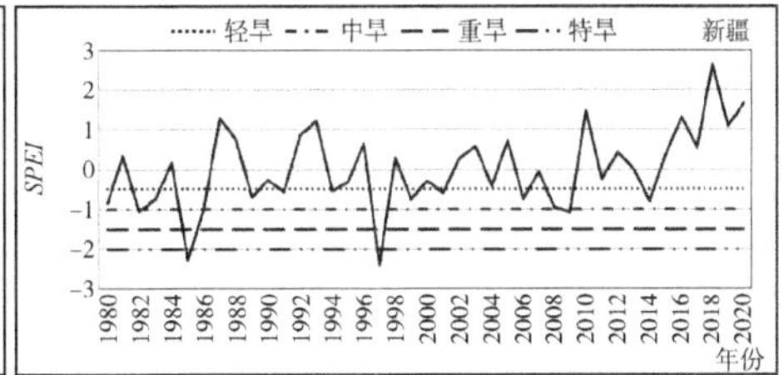

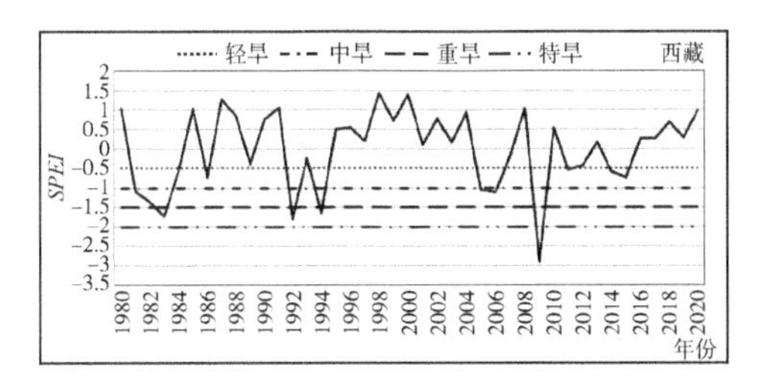

图 2-1　1980—2020 年标准化降水蒸发指数（*SPEI*）变化过程图

通过对全国九大区域标准化降水蒸发指数的统计分析，得到1980—2020年不同等级气象干旱的发生次数和频率，见表2-2。

表2-2 1980—2020年气象干旱情况统计

研究区	轻旱		中旱		重旱		特旱		气象干旱累计	
	次数	频率/%	次数	频率/%	次数	频率/%	次数	频率/%	总次数	频率/%
东北	8	19.5	6	14.6	2	4.9	0	0.0	16	39.0
黄淮海	4	9.8	4	9.8	1	2.4	2	4.9	11	26.8
长江中下游	5	12.2	5	12.2	3	7.3	1	2.4	14	34.1
华南	3	7.3	2	4.9	0	0.0	3	7.3	8	19.5
西南	7	17.1	1	2.4	2	4.9	2	4.9	12	29.3
西北	11	26.8	3	7.3	1	2.4	0	0.0	15	36.6
内蒙古	7	17.1	5	12.2	3	7.3	0	0.0	15	36.6
新疆	11	26.8	2	4.9	0	0.0	2	4.9	15	36.6
西藏	5	12.2	4	9.8	3	7.3	1	2.4	13	31.7

从表2-2可知，1980—2020年，东北是我国气象干旱发生频率最高的地区，发生频率为39.0%；其次为西北、内蒙古及新疆地区，发生频率为36.6%。图2-2给出了全国九大区域发生不同等级气象干旱频率对比。

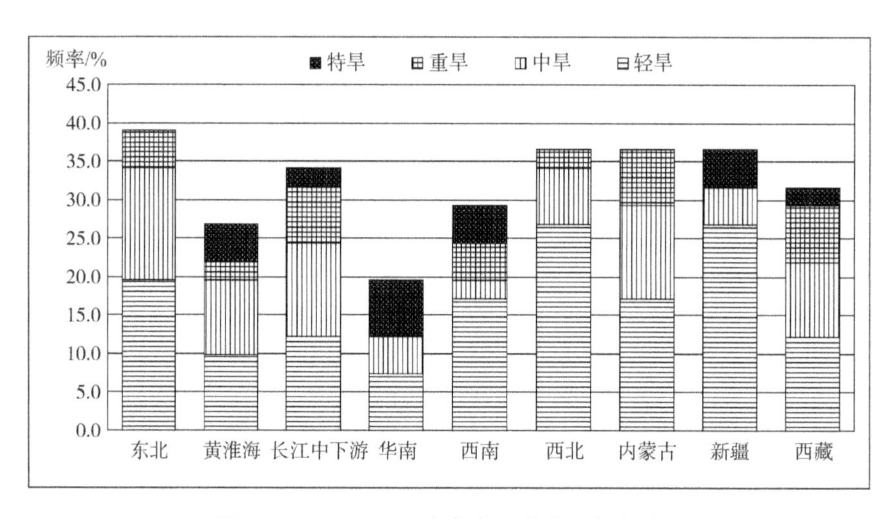

图2-2 1980—2020年气象干旱发生频率对比

2.2 水文干旱指标及现状分析

2.2.1 水文干旱指标计算

水文干旱指标采用标准化径流指数(Standard Runoff Index,SRI)表示。标准化径流指数(*SRI*)与标准化降水指数(*SPI*)类似,两者计算原理相同,由天然或实测径流资料即可求得,标准化径流指数用于不同区域旱涝状况比较,可绘出不同空间尺度的 *SRI* 值对比图。

标准化径流指数是2008年由Shukla和Wood提出的,对于*SRI*的求算,实质是将一定时间尺度下累积径流量的分布经过等概率变换,使之成为标准正态分布的过程。值得注意的是,径流序列具有高度的偏倚性,几乎不遵循正态分布。因此,将径流序列的概率分布标准化便极其重要。*SRI* 的具体计算方法如下。

假设某一时间段的径流量 x 满足 T 分布概率密度函数 $f(x)$:

$$f(x)=\frac{1}{\gamma T(\beta)}x^{\beta-1}\mathrm{e}^{-x/\lambda}\quad(x>0)\tag{2-17}$$

式中:γ为形状参数($\gamma>0$);β为尺度参数($\beta>0$);x为径流量($x>0$);γ,β参数的最大似然估计方案可采用如下方法计算:

$$f(x)=\int_0^x f(x)\mathrm{d}x\tag{2-18}$$

对 T 分布概率进行正态标准化得到:

$$SRI=\pm\frac{t-(c_2t+c_1)t+c_0}{((d_3t+d_2)t+d_1)t+1.0}\tag{2-19}$$

$$t=\sqrt{2\ln(F)}\tag{2-20}$$

对于式(2-19),当 $F>0.5$ 时,取"+"号;当 $F\leqslant0.5$ 时,取"—"号。其中,常数$c_0=2.515\ 517$,$c_1=0.802\ 853$,$c_2=0.010\ 328$,$d_1=1.432\ 788$,$d_2=0.189\ 269$,$d_3=0.001\ 308$。

依据标准化径流指数(*SRI*)划分干旱等级,见表2-3。将水文干旱划分为5个等级,其中最严重的特旱,其 *SRI* 值小于等于-2.0。

表 2-3　依据标准化径流指数(*SRI*)的干旱等级划分标准

等级	类型	*SRI* 值
0	无旱	>−0.5
1	轻旱	(−1.0,−0.5]
2	中旱	(−1.5,−1.0]
3	重旱	(−2.0,−1.5]
4	特旱	≤−2.0

2.2.2　水文干旱现状分析

1. 我国水文干旱发生次数和频率

针对研究区水文干旱的研究，主要是对由区域年径流深计算出的标准化径流指数进行水文干旱分析。依据标准化径流指数划分标准，将水文干旱分为无旱、轻旱、中旱、重旱和特旱 5 个等级。我国 10 个研究区 1956—2020 年的标准化径流指数(*SRI*)系列过程图见图 2-3。

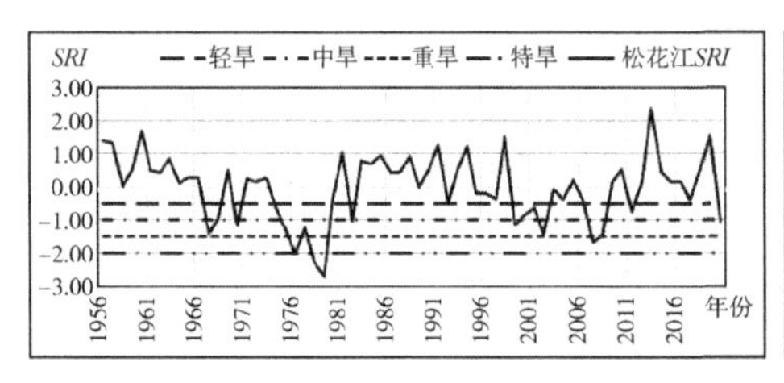

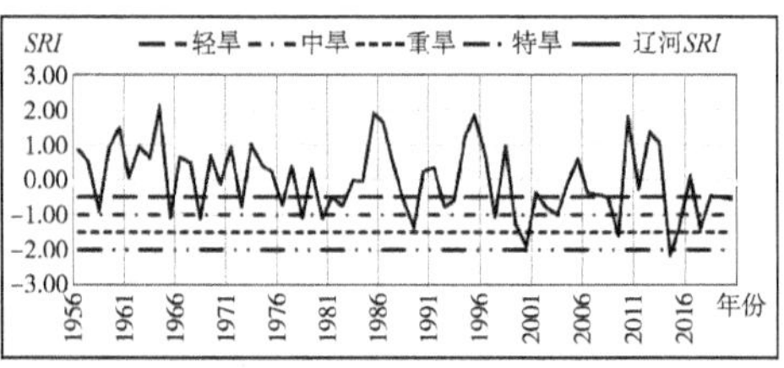

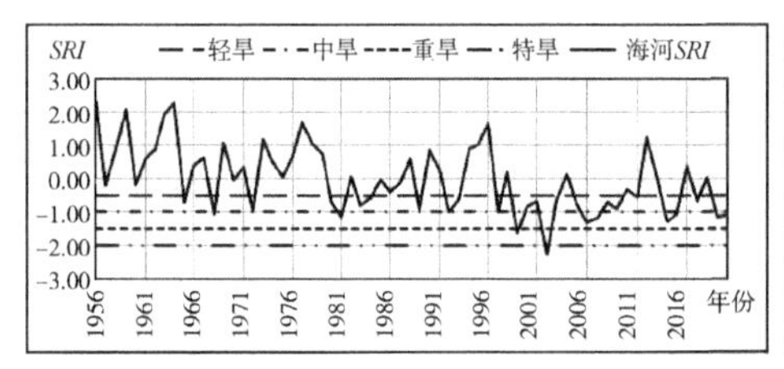

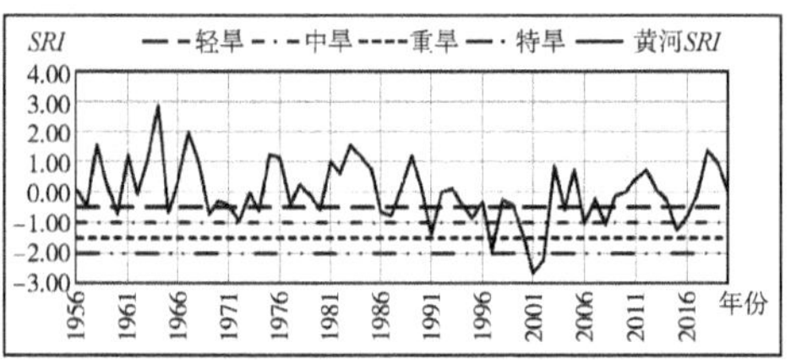

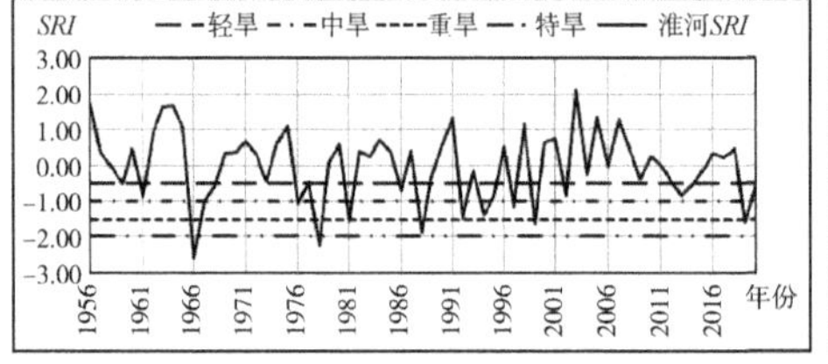

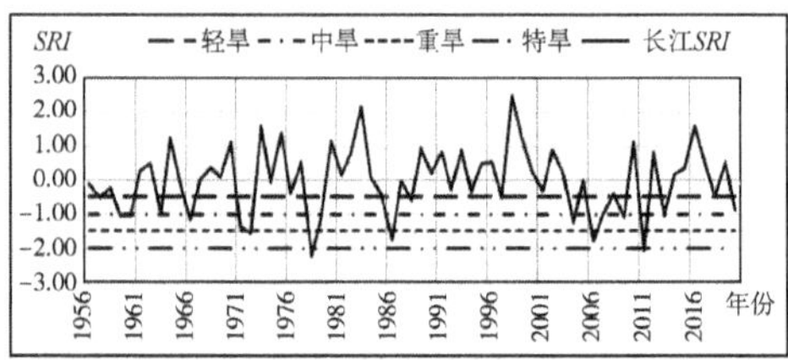

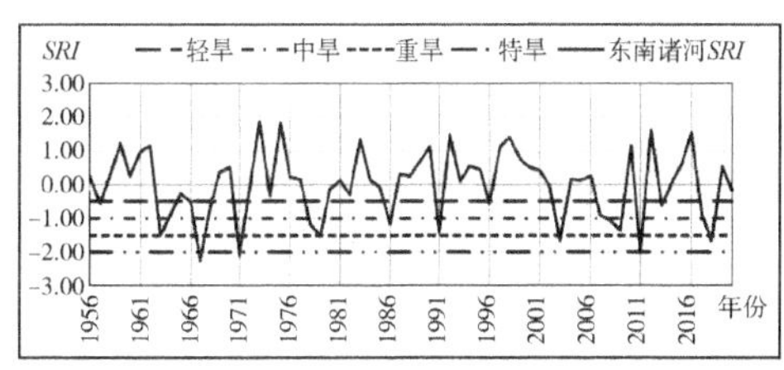

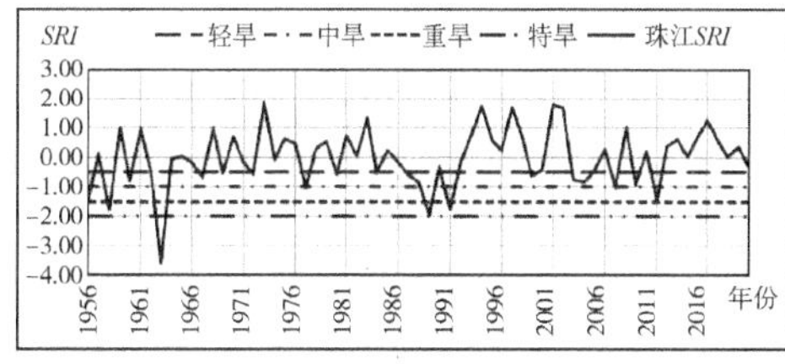

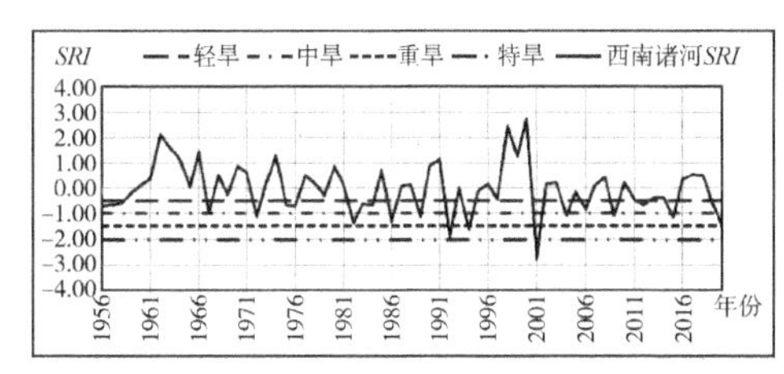

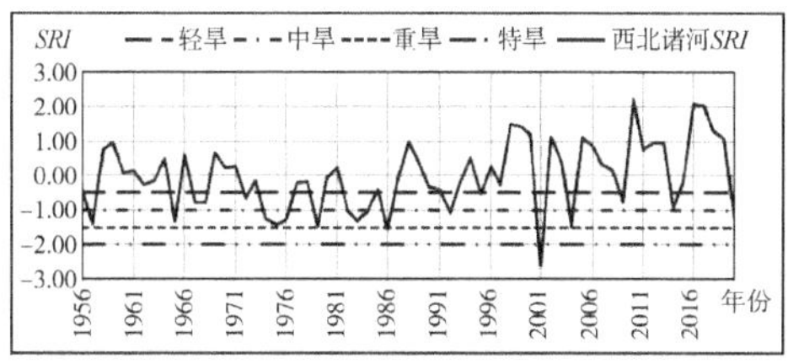

图 2-3 1956—2020 年标准化径流指数(*SRI*)变化过程图

从图 2-3 可以看出，10 个研究区在 1956—2020 年期间都有不同程度的水文干旱发生。特别在 1980 年以后，除松花江外，各区发生水文干旱的次数明显多于 1980 年前，这说明环境的变化对我国水文干旱的发生有着较大影响，见表 2-4。

表 2-4 1956—2020 年水文干旱发生次数对比

研究区	1956—1979 年	1980—2020 年	1956—2020 年
松花江	9	9	18
辽河	6	17	23
海河	3	24	27
黄河	5	14	19
淮河	6	13	19
长江	9	11	20
东南诸河	9	11	20
珠江	9	12	21
西南诸河	7	15	22
西北诸河	9	11	20

通过对 10 个研究区标准化径流指数的统计分析，得到 1956—2020 年间 10 个研究区不同等级水文干旱的发生次数和频率，见表 2-5。

表 2-5　1956—2020 年水文干旱情况统计

研究区	轻旱		中旱		重旱		特旱		水文干旱累计	
	次数	频率/%	次数	频率/%	次数	频率/%	次数	频率/%	总次数	频率/%
松花江	5	7.7	9	13.8	2	3.1	2	3.1	18	27.7
辽河	11	16.9	9	13.8	2	3.1	1	1.5	23	35.4
海河	16	24.6	9	13.8	1	1.5	1	1.5	27	41.5
黄河	11	16.9	5	7.7	1	1.5	2	3.1	19	29.2
淮河	8	12.3	5	7.7	4	6.2	2	3.1	19	29.2
长江	5	7.7	10	15.4	3	4.6	2	3.1	20	30.8
东南诸河	8	12.3	6	9.2	4	6.2	2	3.1	20	30.8
珠江	13	20.0	4	6.2	3	4.6	1	1.5	21	32.3
西南诸河	11	16.9	8	12.3	2	3.1	1	1.5	22	33.8
西北诸河	6	9.2	12	18.5	1	1.5	1	1.5	20	30.8

从表 2-5 可知，海河区是我国水文干旱发生频率最高的区，发生频率为 41.5%；其次为辽河区，发生频率为 35.4%。图 2-4 给出了 10 个研究区发生不同等级水文干旱频率对比。

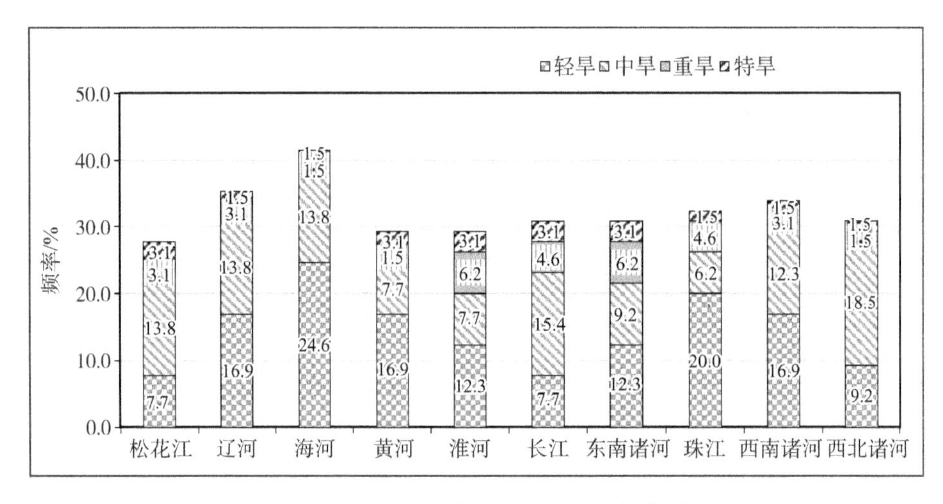

图 2-4　1956—2020 年水文干旱发生频率对比

2. 我国水文干旱频率分布

经过分析可知，在 1956—2020 年期间，我国海河区和珠江区出现轻旱的频率最高，西北诸河区和长江区发生中旱的频率最高，淮河区和东南诸河区发生重旱的频率最高，松花江区和黄河区发生特旱的频率最高。表 2-6 给出了我国各区不同等级水文干旱发生频率的排序情况。

表 2-6　1956—2020 年水文干旱频率排序情况

研究区	轻旱		研究区	中旱		研究区	重旱	
	频率/%	排序		频率/%	排序		频率/%	排序
海河	24.6	1	西北诸河	18.5	1	淮河	6.2	1
珠江	20.0	2	长江	15.4	2	东南诸河	6.2	1
辽河	16.9	3	松花江	13.8	3	长江	4.6	2
黄河	16.9	3	辽河	13.8	3	珠江	4.6	2
西南诸河	16.9	3	海河	13.8	3	松花江	3.1	3
淮河	12.3	4	西南诸河	12.3	4	辽河	3.1	3
东南诸河	12.3	4	东南诸河	9.2	5	西南诸河	3.1	3
西北诸河	9.2	5	黄河	7.7	6	海河	1.5	4
松花江	7.7	6	淮河	7.7	6	黄河	1.5	4
长江	7.7	6	珠江	6.2	7	西北诸河	1.5	4
研究区	特旱		研究区	中旱及以上		研究区	水文干旱累计	
	频率/%	排序		频率/%	排序		频率/%	排序
松花江	3.1	1	长江	23.1	1	海河	41.5	1
黄河	3.1	1	西北诸河	21.5	2	辽河	35.4	2
淮河	3.1	1	松花江	20.0	3	西南诸河	33.8	3
长江	3.1	1	辽河	18.5	4	珠江	32.3	4
东南诸河	3.1	1	东南诸河	18.5	4	长江	30.8	5
辽河	1.5	2	海河	16.9	5	东南诸河	30.8	5
海河	1.5	2	淮河	16.9	5	西北诸河	30.8	5
珠江	1.5	2	西南诸河	16.9	5	黄河	29.2	6
西南诸河	1.5	2	黄河	12.3	6	淮河	29.2	6
西北诸河	1.5	2	珠江	12.3	6	松花江	27.7	7

从水文干旱影响比较大的方面考虑，统计了各研究区 1956—2020 年发生中旱以上水文干旱的次数和频率。可以看出，发生中旱以上频率最高的是长江区，

其次为西北诸河区，最低的是黄河区和珠江区。

2.3 农业干旱指标及现状分析

2.3.1 农业干旱指标计算

我国是一个农业大国，干旱的发生对农作物的生长影响极大。本书采用农业受旱率来反映区域农业干旱受旱情况的指标，农业受旱率通常定义为：区域农作物受旱面积与作物总播种面积的比值。计算公式为：

$$\alpha = \frac{F_\alpha}{F} \tag{2-21}$$

式中：α 为区域农业受旱率，%；F_α 为作物受旱面积，hm^2；F 为作物播种面积，hm^2。

表 2-7 给出了我国九大研究区多年（1980—2020 年）平均农业受旱率及排序情况。

表 2-7　1980—2020 年平均农业受旱率排序情况

研究区	农业受旱率	
	多年平均值/%	排序
东北	25.54	1
内蒙古	25.45	2
西北	23.82	3
黄淮海	17.57	4
西南	12.01	5
长江中下游	9.14	6
华南	7.81	7
新疆	7.08	8
西藏	—	—

注：缺少西藏受旱数据。

2.3.2 农业受旱率现状分析

各研究区 1980—2020 年逐年的农业受旱率见表 2-8（西藏由于缺少农业受旱率数据的记录，故没有列于表中）。

表 2-8 1980—2020 年农业受旱率情况 单位:%

年份	东北	黄淮海	长江中下游	华南	西南	西北	内蒙古	新疆
1980	29.15	37.99	6.32	16.29	7.77	22.49	38.07	4.94
1981	15.79	32.93	14.46	11.93	3.41	26.45	16.72	0.00
1982	42.02	23.39	4.79	4.16	4.75	37.03	25.16	2.52
1983	7.08	26.10	8.73	10.17	8.06	6.84	21.36	1.58
1984	20.31	21.54	6.77	10.41	5.14	7.45	15.69	0.00
1985	13.37	20.53	14.66	6.83	14.21	13.87	20.86	4.42
1986	5.35	28.46	20.91	16.49	7.90	29.43	33.10	10.69
1987	16.39	23.66	6.57	16.67	17.29	34.82	31.09	3.59
1988	22.61	24.02	30.59	21.15	12.48	15.49	15.06	2.56
1989	54.12	31.56	8.83	11.71	11.11	20.80	36.29	13.97
1990	7.99	8.71	18.29	12.30	17.77	19.29	6.17	3.51
1991	13.92	22.78	10.04	19.51	11.50	39.69	15.70	19.84
1992	27.29	25.40	18.48	8.20	25.32	34.58	20.30	3.09
1993	21.51	22.03	5.61	9.85	17.63	14.55	19.81	4.12
1994	20.90	23.61	20.98	5.89	15.96	42.06	26.50	12.34
1995	23.63	17.29	12.31	9.25	8.23	47.94	26.17	9.33
1996	25.15	20.43	6.23	7.53	9.66	17.32	21.90	1.51
1997	48.18	30.20	10.00	2.13	15.11	44.30	39.41	8.54
1998	4.32	11.73	7.33	7.63	12.20	16.17	7.27	1.88
1999	24.95	32.60	8.87	12.31	12.03	44.94	49.53	4.39
2000	73.59	36.23	20.75	6.09	8.81	54.16	45.14	9.74
2001	62.27	28.21	15.89	1.65	25.69	44.16	41.60	10.96
2002	24.52	29.18	3.30	10.24	10.56	30.44	25.32	6.64
2003	42.19	12.03	12.75	14.91	15.04	23.72	31.63	10.50
2004	45.80	4.69	5.73	14.74	4.91	16.11	28.82	9.76
2005	9.76	12.03	6.47	11.82	19.58	29.40	18.43	9.41
2006	22.43	8.96	6.10	4.91	28.30	36.28	25.05	9.30

续　表

年份	东北	黄淮海	长江 中下游	华南	西南	西北	内蒙古	新疆
2007	75.58	14.10	8.43	9.90	11.55	29.04	42.45	12.14
2008	13.67	11.72	1.61	3.51	5.08	24.37	22.11	27.75
2009	63.52	15.94	8.49	5.84	13.06	25.84	51.87	14.26
2010	13.60	6.41	1.78	4.02	30.85	10.64	19.12	9.16
2011	5.17	7.32	9.61	3.82	23.09	26.14	14.50	3.76
2012	7.36	5.97	4.33	0.39	9.48	9.30	5.82	13.80
2013	3.13	2.93	11.67	0.73	17.53	14.07	7.20	4.52
2014	24.36	11.82	3.28	0.08	4.02	14.46	16.84	15.23
2015	17.23	10.91	0.66	1.71	3.90	7.69	31.76	4.82
2016	19.77	1.41	1.63	0.56	1.01	17.45	35.52	0.52
2017	16.26	4.14	2.54	0.54	1.69	20.79	40.57	0.45
2018	26.82	1.95	2.37	1.01	1.63	2.27	22.18	0.00
2019	10.90	5.84	5.67	0.61	10.42	0.74	11.00	0.00
2020	25.37	3.47	1.07	2.80	8.68	4.00	20.50	4.60

经统计可知，在1980—2020年期间，全国受旱率达到了14.27%。在九大研究区中，受旱率大于14.5%的受旱年数由多到少的地区依次为内蒙古（36年）、西北（30年）、东北（28年）、黄淮海（22年）、西南（13年）、长江中下游（9年）、华南（7年）、新疆（3年）。

图2-5给出了1980—2020年全国历年平均受旱率情况。

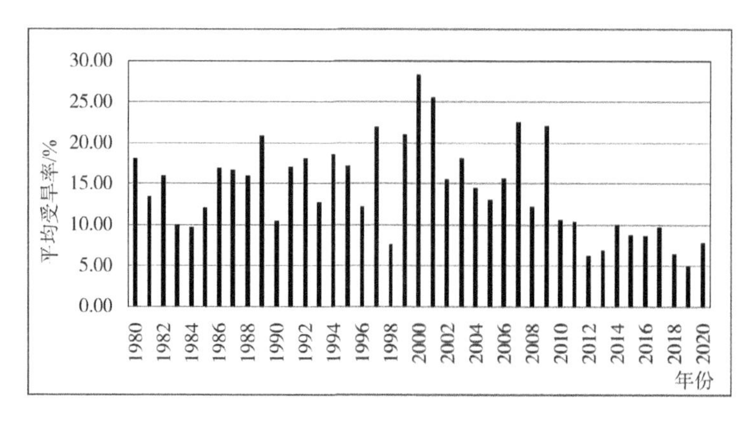

图2-5　1980—2020年全国历年平均受旱率情况

由图 2-5 可知，2000 年的受旱范围最广，受旱程度最为严重，全国平均受旱率达到了 28.28%，为历年受旱率最大；其次为 2001 年，农业受旱率为 25.6%；然后为 2007 年和 2009 年，受旱率分别为 22.57%和 22.09%。

图 2-6 给出了我国九大区域多年（1980—2020 年）平均受旱率情况。

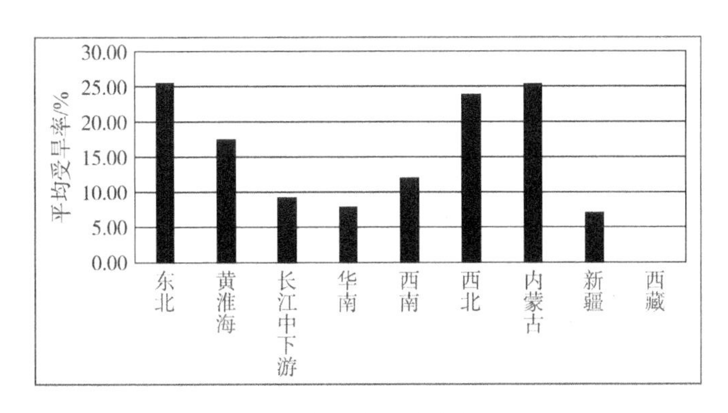

图 2-6　1980—2020 年九大区域多年平均受旱率情况

从空间分布来看，我国西北、东北、内蒙古、黄淮海的多年平均受旱率都在 14.5%以上，长江中下游和西南的多年平均受旱率在 9%～12%，华南和新疆的多年平均受旱率在 8%以下。这种分布与我国气候干湿程度的分布有着密切关联。

第三章
我国未来气候变化数据预测值分析

全球气候模式是目前预测未来气候变化情势的重要工具,其驱动要素主要为假定的社会经济发展情景下的温室气体排放量。尽管全球气候模式存在不确定性而被许多学者质疑,但至今仍是预测未来气候情景必要和值得信赖的主要手段。目前,对于预估全球未来气候变化来说,全球气候模式(GCM)是最重要也是最可行的方法。气候模式是对地球气候系统的数学表达,建立在用数学方程表示的物理定律基础之上。本书将采用对比分析法,依据 IPCC(AR6)下国家气候中心研制开发的 BCC-CSM2-MR 模式的中国未来(2015—2100 年)气候要素的模拟结果,建立全国各大区气象要素与干旱及灾害的关系,通过模拟计算和分析判断,对未来气候变化条件下的干旱及灾害演变趋势和新格局进行评估。

3.1 BCC-CSM2-MR 气候模式简介

本书采用数据来自国家(北京)气候中心(Beijing Climate Centre,BCC)参与第六次国际耦合模式比较计划(Coupled Model Intercomparison Project Phase 6,CMIP6)的第二代中等分辨率气候系统模式(BCC-CSM2-MR)输出结果(https://esgdata.gfdl.noaa.gov/search/cmip6-gfdl/)。

国家(北京)气候中心研制了新一代海-陆-冰-气多圈层耦合的气候系统模式(Beijing Climate Centre- Climate System Model,BCC-CSM),2015 年底建立了气候预测模式业务系统,并正式业务运行,见图 3-1。

BCC-CSM2-MR 模式是第六次耦合模式国际比较计划(CMIP6)的中等分辨率模式。此耦合模式中的大气分量模式采用 T106 (~110 km)的水平分辨率,垂直方向分层 46 层,模式层顶高度 1.459 hPa,在原有大气模式 BCC-

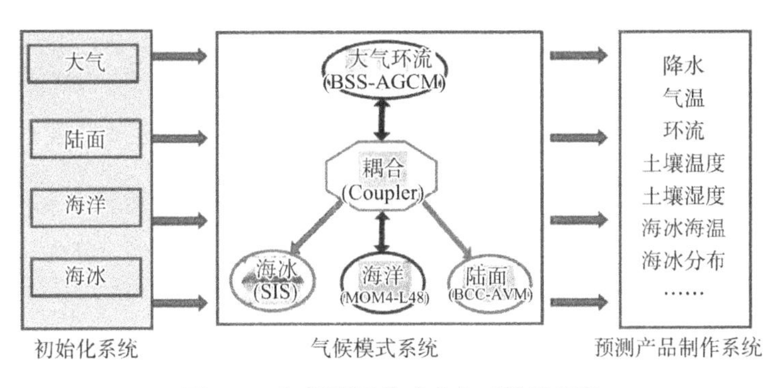

图 3-1　气候预测模式业务系统示意图

AGCM2 版本的基础上，引入了由地形和对流引起的新重力波参数化方案、新的云量诊断参数化方案，增加了包含气溶胶间接效应的云微物理过程，考虑了受水云云滴有效半径和气溶胶间接效应影响的辐射传输方案，以及改进后的大气边界层方案；陆面分量模式采用 BCC_AVIM2.0，引入了水稻田方案、野火模块、植被物候方案及通过植被冠层的四流传输辐射方案，改进了积雪反照率参数化方案和土壤冻融方案；海洋分量模式为 MOM_L40(Griffies，2005)，为三级网格，南北纬 10°以内的热带海洋为 1/3°(纬度)×1°(经度)，南北纬 10°～30°区域采用(1/3°～1°)(纬度)×1°(经度)，其他区域为 1°×1°分辨率，垂直分为 40 层；海冰分量模式使用 GFDL 的海水模式(SIS)。各分量模式最后通过 NCAR 耦合器实现动量通量、热量通量以及水通量的相互交换。BCC 气候系统模式对于全球气候的平均态、年代际变化、季节变化、热带季节内振荡、强降水过程以及极端气温等都具有合理的模拟能力。国家气候中心基于 BCC_CSM1.1(m)版本开发的第二代气候预测模式系统目前已投入业务使用，这一模式不仅对降水和温度有一定预报技巧，还能较为合理地刻画出 ENSO 事件的发生发展、季风等多种尺度气候变率特征。

3.1.1　BCC-CSM2-MR 模式试验情景

BCC-CSM2-MR 模式基于共享社会经济路径(Shared Socioeconomic Pathways，SSP)SSP1-2.6、SSP2-4.5、SSP3-7.0 和 SSP5-8.5 四种情景。其中每一个具体 SSP 代表了一种发展模式，包括相应的人口增长、经济发展、技术进步、环境条件、公平原则、政府管理、全球化等发展特征和影响因素的组合，也包括对社会发展的程度、速度和方向的具体描述。全球未来排放情景见表 3-1。

表 3-1 全球未来排放情景

情景类型	社会经济情景	强迫类别	2100 年气候情景
SSP1-2.6	可持续发展	低排放	辐射强迫在 2100 年达到 2.6 W/m^2
SSP2-4.5	延续历史发展途径	中排放	辐射强迫在 2100 年达到 4.5 W/m^2
SSP3-7.0	局部发展	中高排放	辐射强迫在 2100 年达到 7.0 W/m^2
SSP5-8.5	高耗能发展	高排放	辐射强迫在 2100 年达到 8.5 W/m^2

SSP1-2.6 情景：2100 年辐射强迫稳定在约 2.6 W/m^2。在该情景下，相对于工业化革命前多模式集合平均的全球平均气温结果将显著低于 2℃。该情景考虑了未来全球森林覆盖面积的增加并伴随大量的土地利用变化，通过综合评估模型（Integrated Assessment Model，IAM）的评估，形成了低脆弱性、低减缓挑战的特征。

SSP2-4.5 情景：属于中等辐射强迫情景，在 2100 年辐射强迫稳定在约 4.5 W/m^2。该情景通常土地利用和气溶胶路径并不极端，仅代表结合了一个中等社会脆弱性和中等辐射强迫的情景。

SSP3-7.0 情景：属于中高等辐射强迫情景，在 2100 年辐射强迫稳定在约 7.0 W/m^2。该情景代表了中大量的土地利用变化（尤其是全球森林覆盖率下降）和高的气候强迫因子（特别是二氧化硫），具有相对较高的社会脆弱性和相对较高的辐射强迫。

SSP5-8.5 情景：属于高强迫情景，在 2100 年辐射强迫高达约 8.5 W/m^2，是高耗能发展情景。

3.1.2 BCC-CSM2-MR 模式数据的引用

BCC-CSM2-MR 模式完成了评估和描述试验、历史气候模拟试验和 21 个模拟比较计划试验等 CMIP6 规定的核心试验，输出 2015—2100 年的气候要素预测数据，降尺度空间分辨率为 0.5°×0.5°。其模拟结果与历史观测的降水资料格点化 CN05.1 数据的空间相关系数高达 0.82，与气温资料格点化数据的空间相关系数高达 0.99，相比早期版本的 BCC-CSM1.1 m 模式明显提高，表明本书采用的降水和气温月数据具有较高的可靠性。

根据我国目前和未来的经济发展状况，本书研究的数据来自 BCC-CSM2-MR 模式输出结果，其输出变量见表 3-2。

表 3-2　BCC-CSM2-MR 模式输出变量列表

序号	变量文件名	变量说明(Description)
1	Evspsblsoi	土壤蒸发(Water Evaporation from Soil)
2	Evspsblveg	冠层蒸发(Evaporation from Canopy)
3	mrfso	土壤冻结水含量(Soil Frozen Water Content)
4	mrlsl	土层含水量(Water Content of Soil Layer)
5	mrro	总径流(Total Runoff)
6	mrros	地表径流(Surface Runoff)
7	mrso	土壤总含水量(Total Soil Moisture Content)
8	mrsos	土壤上层含水量(Moisture in Upper Portion of Soil Column)
9	prveg	冠层降雨(Precipitation onto Canopy)
10	tran	散发(Transpiration)
11	tsl	土壤温度(Temperature of Soil)

本书研究采用了 SSP2-4.5 情景和 SSP5-8.5 情景下预测的中国范围 2015—2100 年的逐月气温、降水和径流数据作为我国未来气候变化的依据。

3.2 SSP2-4.5 情景下我国未来气候变化预测

本节分析 SSP2-4.5 情景下我国九个区的气温、降水在未来(2015—2100 年)的变化趋势。

3.2.1 SSP2-4.5 情景下我国未来气温变化

BCC 气候变化模式 SSP2-4.5 情景下我国九个区的未来年均气温变化见图 3-2。

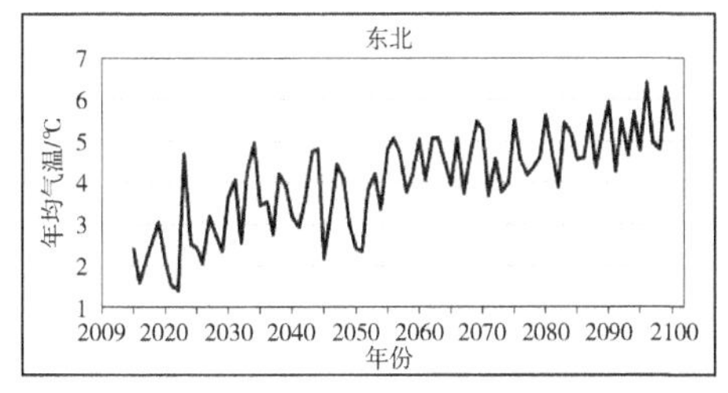

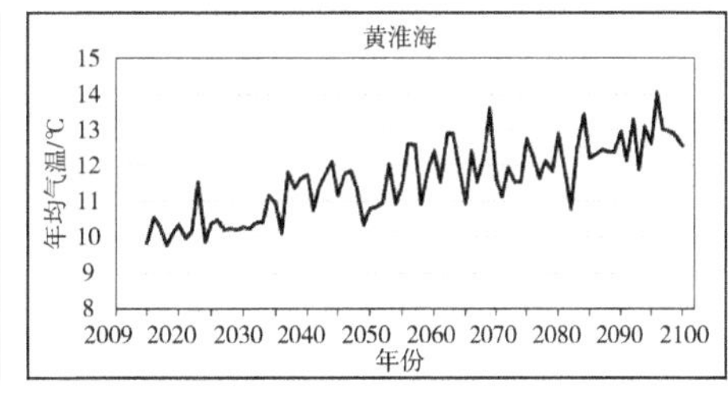

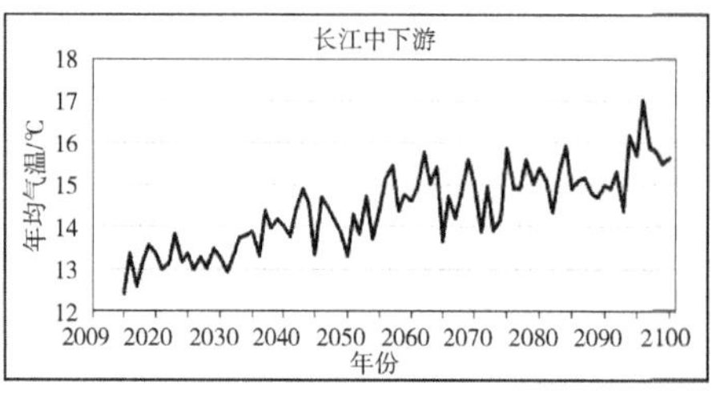

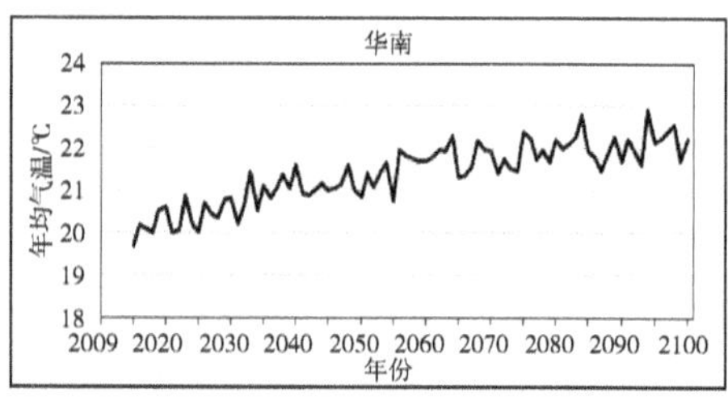

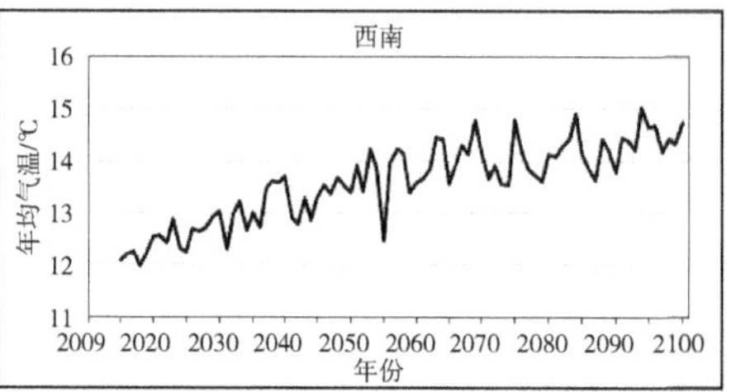

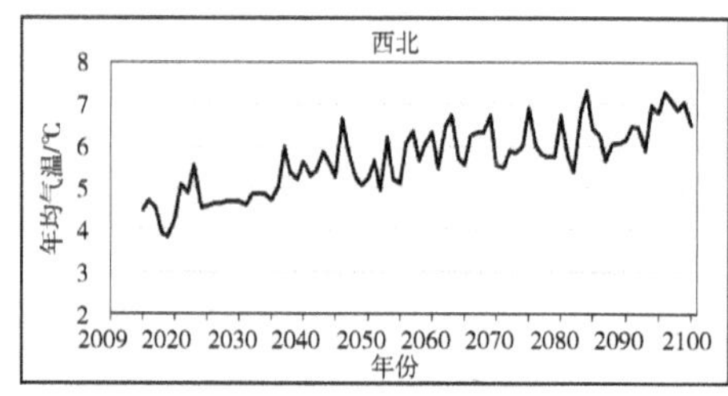

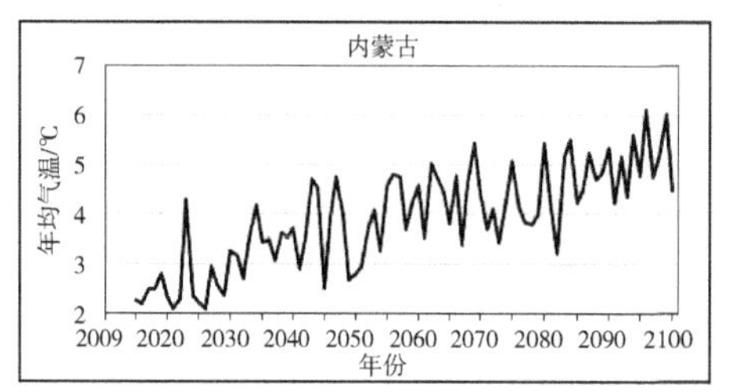

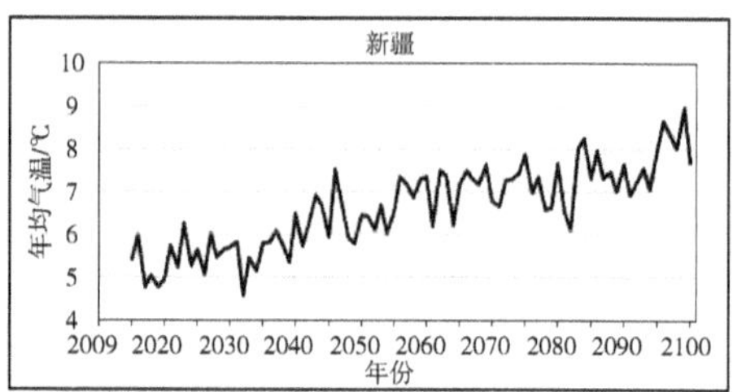

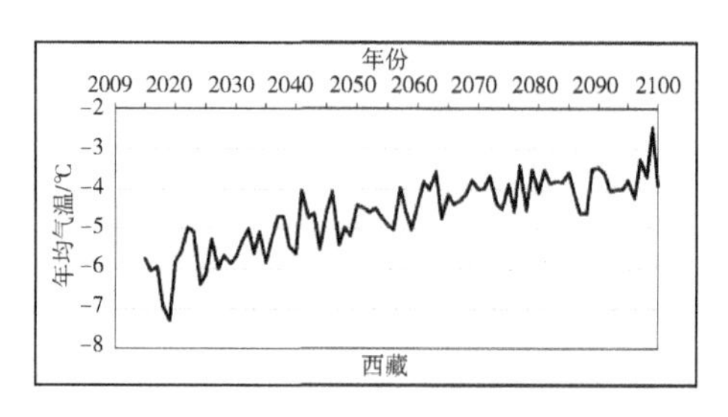

图 3-2　SSP2-4.5 情景下未来年均气温变化趋势

由图 3-2 可以看出，在 SSP2-4.5 情景下，全国未来气温变化呈增长趋势。具体每 10 年的变化见表 3-3。

表 3-3　SSP2-4.5 情景下未来每 10 年年均气温变化　　单位：℃

年份	东北		黄淮海		长江中下游	
	年均气温	比前10年	年均气温	比前10年	年均气温	比前10年
2015—2020	2.3		10.2		13.1	
2021—2030	2.7	0.4	10.3	0.1	13.3	0.2

续 表

年份	东北		黄淮海		长江中下游	
	年均气温	比前10年	年均气温	比前10年	年均气温	比前10年
2031—2040	3.7	1.0	11.0	0.6	13.8	0.5
2041—2050	3.5	−0.1	11.3	0.3	14.2	0.4
2051—2060	4.1	0.6	11.7	0.3	14.5	0.4
2061—2070	4.7	0.6	12.2	0.5	14.9	0.4
2071—2080	4.5	−0.2	12.0	−0.2	14.9	−0.1
2081—2090	5.0	0.5	12.3	0.4	15.0	0.2
2091—2100	5.3	0.3	12.9	0.5	15.6	0.6
累计变化		3.0		2.7		2.5

年份	华南		西南		西北	
	年均气温	比前10年	年均气温	比前10年	年均气温	比前10年
2015—2020	20.2		12.2		4.3	
2021—2030	20.4	0.2	12.6	0.4	4.8	0.5
2031—2040	21.1	0.7	13.1	0.5	5.1	0.3
2041—2050	21.1	0.0	13.3	0.1	5.6	0.4
2051—2060	21.5	0.4	13.7	0.5	5.8	0.2
2061—2070	21.8	0.3	14.1	0.4	6.1	0.4
2071—2080	21.8	0.0	13.9	−0.2	6.0	−0.1
2081—2090	22.0	0.2	14.2	0.3	6.2	0.2
2091—2100	22.2	0.2	14.5	0.3	6.7	0.5
累计变化		2.0		2.3		2.4

年份	内蒙古		新疆		西藏	
	年均气温	比前10年	年均气温	比前10年	年均气温	比前10年
2015—2020	2.4		5.2		−6.3	
2021—2030	2.7	0.3	5.6	0.4	−5.7	0.6

续　表

年份	内蒙古		新疆		西藏	
	年均气温	比前10年	年均气温	比前10年	年均气温	比前10年
2031—2040	3.4	0.8	5.6	0.0	−5.3	0.4
2041—2050	3.6	0.2	6.4	0.8	−4.7	0.5
2051—2060	4.1	0.4	6.8	0.4	−4.6	0.1
2061—2070	4.4	0.3	7.1	0.3	−4.1	0.5
2071—2080	4.2	−0.2	7.2	0.1	−4.1	0.0
2081—2090	4.7	0.5	7.4	0.2	−3.9	0.2
2091—2100	5.1	0.4	7.9	0.5	−3.7	0.2
累计变化		2.7		2.7		2.6

经对气象预测数据的统计分析，在2015—2100年期间，全国有80多年气温是在增加的。到2100年各大区气温增长幅度为2.0～3.0 ℃。其中，东北气温增长幅度最大，为3.0℃，华南气温增长最少，为2.0℃。BCC气候变化模式SSP2-4.5情景下我国九个区在未来每10年可达到的年均气温预测值过程如图3-3所示。

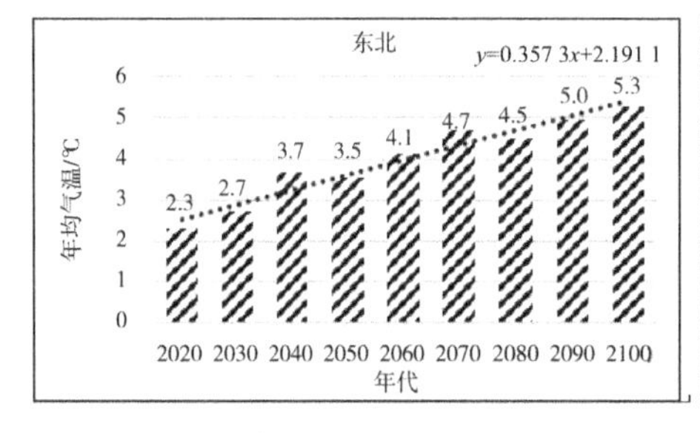

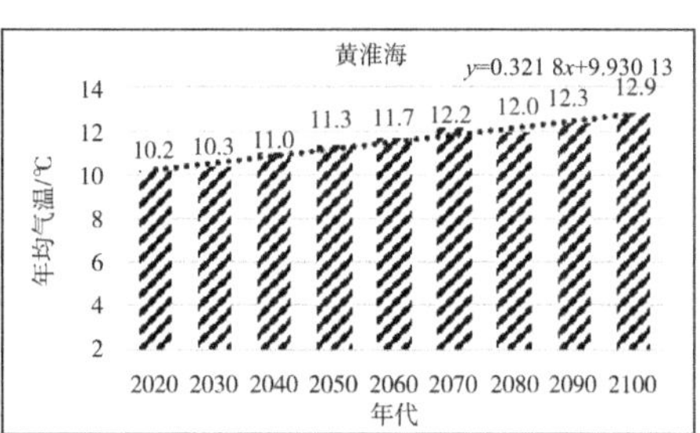

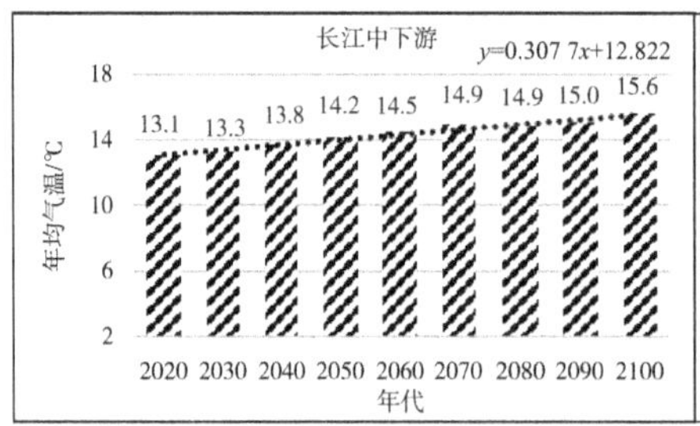

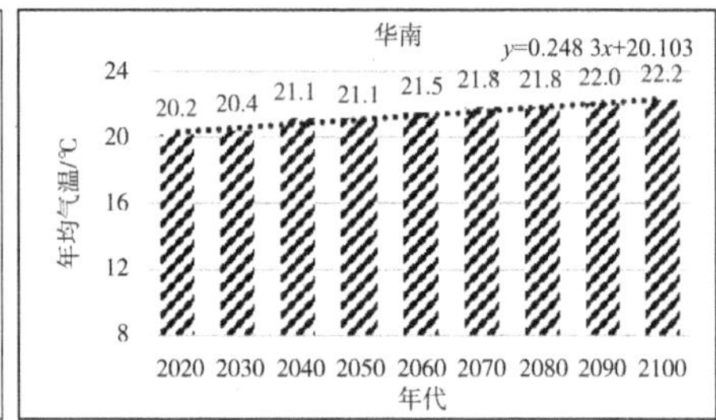

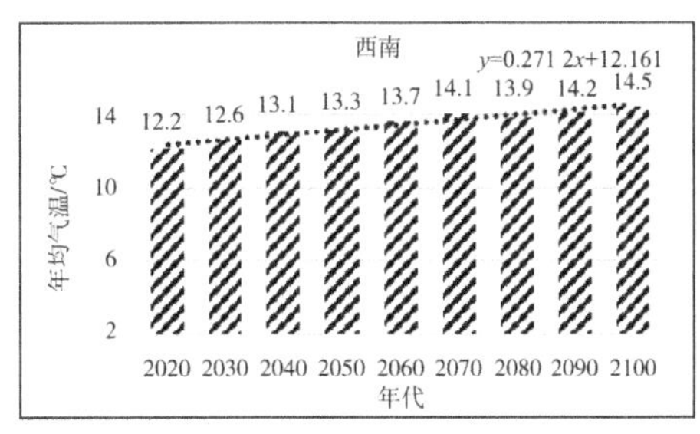

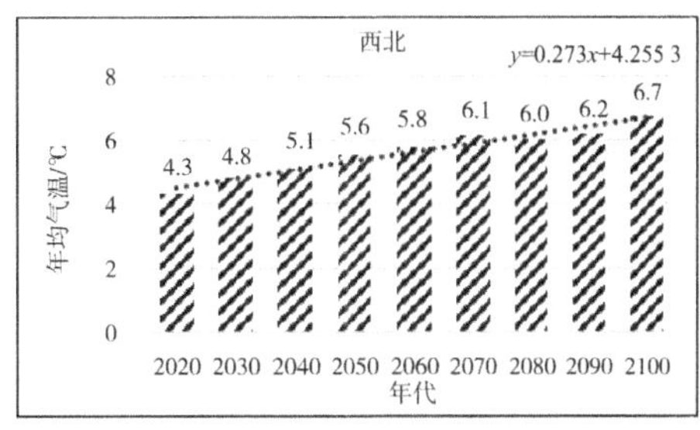

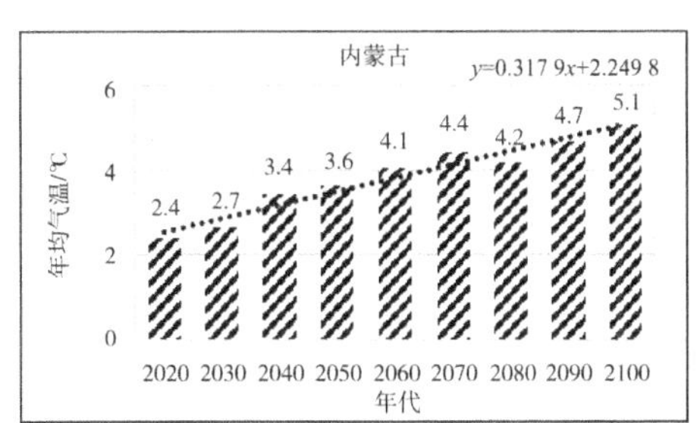

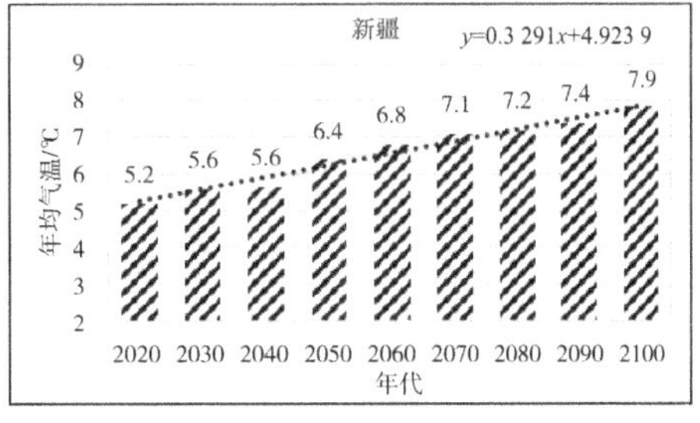

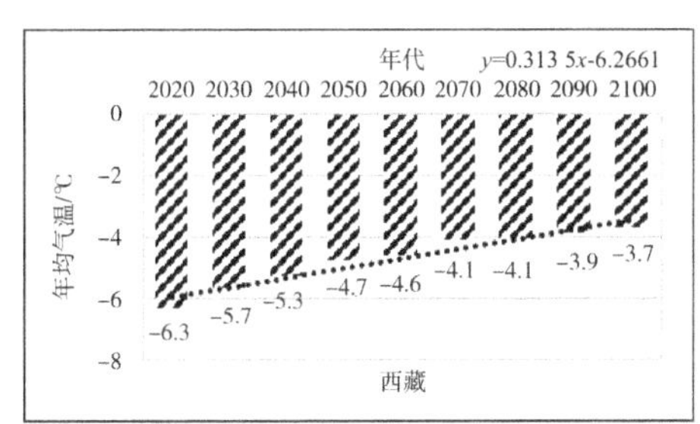

图 3-3 SSP2-4.5 情景下未来每 10 年年均气温预测

将研究范围分为现状(2015—2020 年)、近期(2021—2040 年)、中期(2041—2070 年)和远期(2071—2100 年)4 个时期,分析和计算我国各大区未来气温变化空间分布状况,表 3-4 给出了未来各个时期我国各大区的气温变化情况。

表 3-4 SSP2-4.5 情景下未来不同时期年均气温变化情况 单位:℃

时期	年份	东北		黄淮海		长江中下游	
		年均气温	比前期	年均气温	比前期	年均气温	比前期
现状	2015—2020	2.3		10.2		13.1	
近期	2021—2040	3.2	0.9	10.7	0.5	13.5	0.4
中期	2041—2070	4.1	1.0	11.7	1.1	14.5	1.0
远期	2071—2100	4.9	0.8	12.4	0.7	15.2	0.6
累计变化			2.6		2.2		2.1

续 表

时期	年份	华南		西南		西北	
		年均气温	比前期	年均气温	比前期	年均气温	比前期
现状	2015—2020	20.2		12.2		4.3	
近期	2021—2040	20.8	0.6	12.9	0.7	4.9	0.6
中期	2041—2070	21.5	0.7	13.7	0.8	5.8	0.9
远期	2071—2100	22.0	0.5	14.2	0.5	6.3	0.5
累计变化			1.8		2.0		2.0
时期	年份	内蒙古		新疆		西藏	
		年均气温	比前期	年均气温	比前期	年均气温	比前期
现状	2015—2020	2.4		5.2		−6.3	
近期	2021—2040	3.0	0.6	5.6	0.4	−5.5	0.8
中期	2041—2070	4.0	1.0	6.8	1.1	−4.5	1.0
远期	2071—2100	4.6	0.6	7.5	0.7	−3.9	0.6
累计变化			2.2		2.3		2.4

图 3-4 给出了 SSP2-4.5 情景下我国各大区未来气温变化率情况。

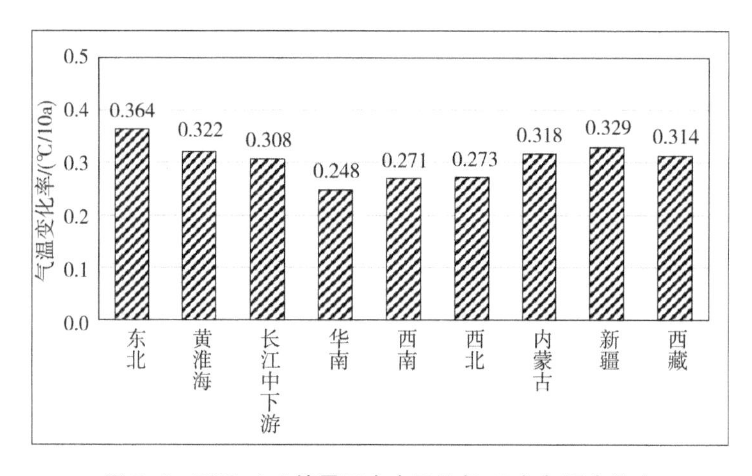

图 3-4　SSP2-4.5 情景下未来平均每 10 年气温变化率

通过图 3-4 可知，我国未来气温变化率最大的是东北，其次为新疆，气温变化率最小的是华南；我国未来气温增加的速度是从北向南逐步变慢的。

3.2.2 SSP2-4.5 情景下我国未来降水量变化

BCC 气候变化模式 SSP2-4.5 情景下我国九个区的降水量变化预测见图 3-5。

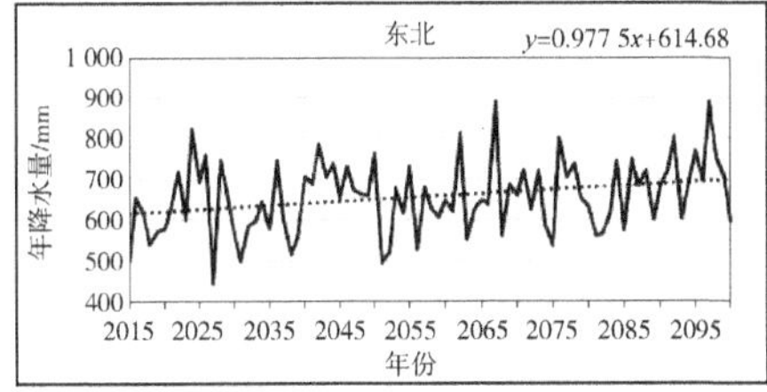

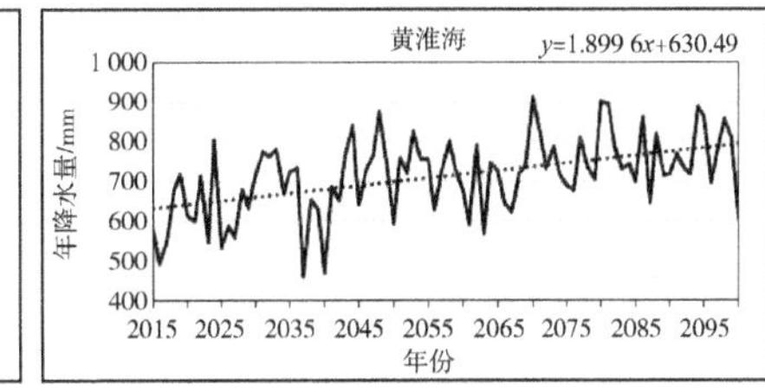

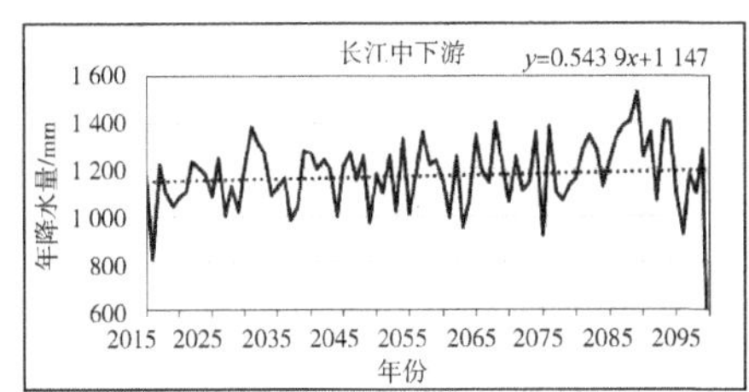

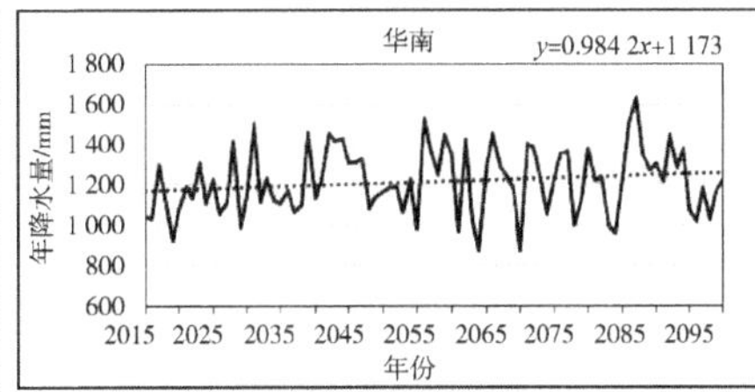

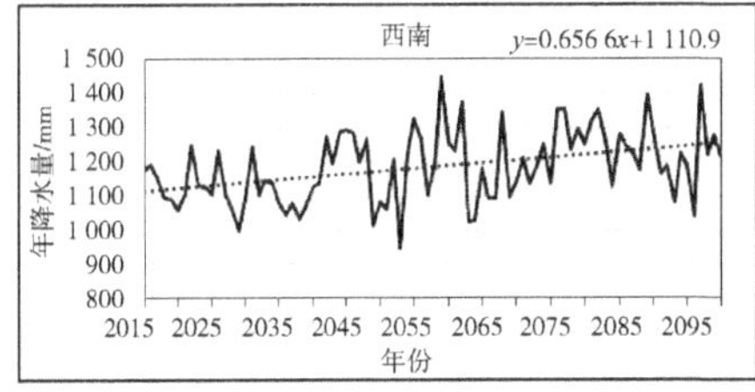

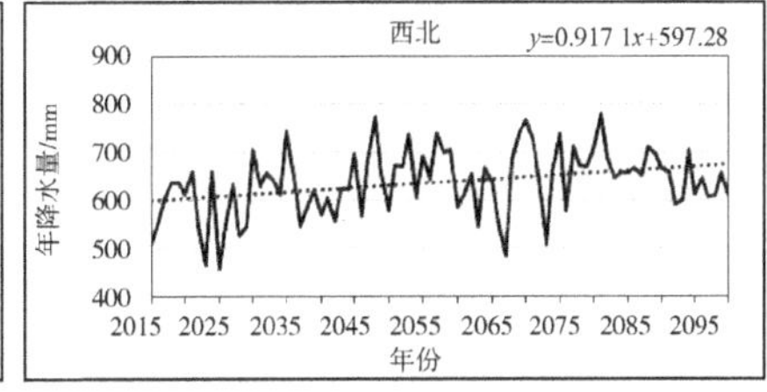

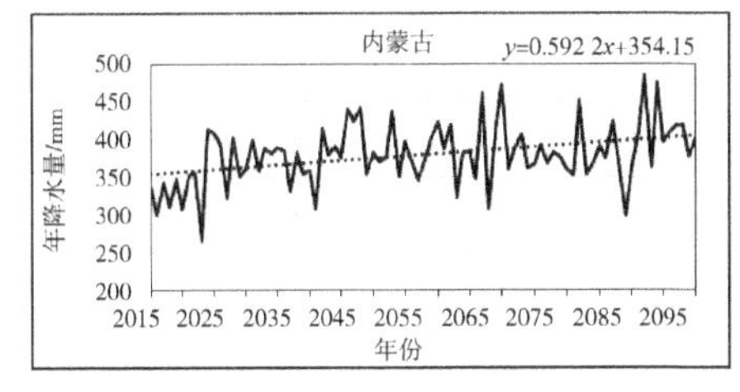

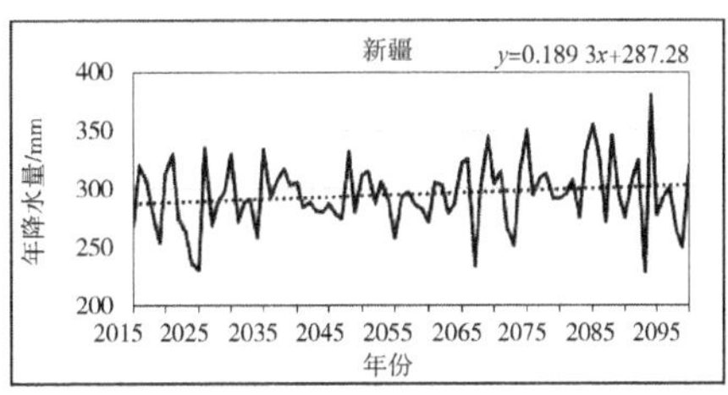

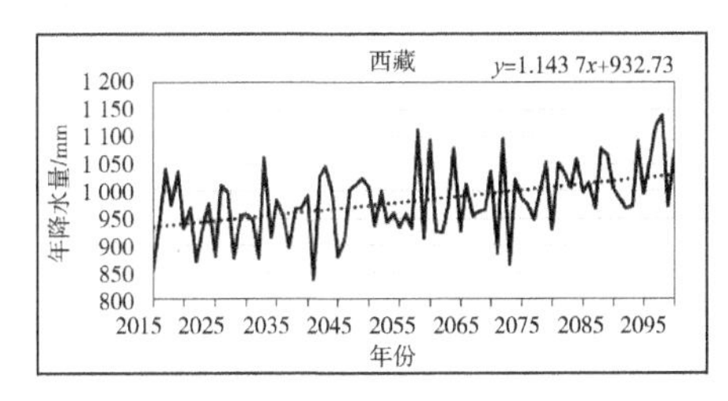

图 3-5 SSP2-4.5 情景下未来年降水量变化趋势

由图3-5可以看出，在SSP2-4.5情景下我国未来的年降水量变化在部分区域呈增长趋势，另一部分区域的年降水量增长趋势不明显，具体变化见表3-5。

表3-5　SSP2-4.5情景下未来每10年年降水量变化　　单位：mm

年份	东北		黄淮海		长江中下游	
	年降水量	比前10年	年降水量	比前10年	年降水量	比前10年
2015—2020	577.9		604.6		1 073.0	
2021—2030	665.6	87.7	637.0	32.4	1 141.9	68.9
2031—2040	602.8	−62.8	665.7	28.7	1 192.0	50.1
2041—2050	706.5	103.6	729.6	63.9	1 169.4	−22.6
2051—2060	613.5	−93.0	738.6	9.0	1 188.4	19.0
2061—2070	670.5	57.0	706.6	−32.0	1 162.3	−26.1
2071—2080	672.3	1.8	757.9	51.3	1 164.0	1.7
2081—2090	649.9	−22.4	761.7	3.7	1 322.9	158.9
2091—2100	723.9	74.0	773.1	11.5	1 207.0	−115.9
累计变化		146.0		168.6		134.0

年份	华南		西南		西北	
	年降水量	比前10年	年降水量	比前10年	年降水量	比前10年
2015—2020	1 083.9		1 124.7		592.3	
2021—2030	1 168.3	84.4	1 119.5	−5.3	575.1	−17.2
2031—2040	1 201.0	32.8	1 105.1	−14.4	626.1	51.0
2041—2050	1 287.2	86.2	1 203.4	98.3	636.3	10.2
2051—2060	1 259.5	−27.7	1 201.6	−1.8	675.7	39.3
2061—2070	1 160.7	−98.8	1 159.4	−42.2	635.5	−40.2
2071—2080	1 254.7	94.0	1 241.6	82.1	662.4	26.9
2081—2090	1 272.3	17.6	1 266.1	24.5	682.8	20.4
2091—2100	1 202.0	−70.2	1 202.0	−64.0	630.5	−52.3
累计变化		118.1		77.3		38.2

续 表

年份	内蒙古		新疆		西藏	
	年降水量	比前10年	年降水量	比前10年	年降水量	比前10年
2015—2020	325.1		290.7		962.1	
2021—2030	363.1	38.0	285.7	−5.0	943.4	−18.7
2031—2040	373.3	10.3	297.2	11.5	956.3	12.9
2041—2050	391.8	18.4	289.9	−7.3	974.3	18.0
2051—2060	385.1	−6.7	289.0	−0.9	978.7	4.4
2061—2070	390.2	5.1	301.1	12.1	976.4	−2.2
2071—2080	377.1	−13.1	300.1	−1.0	976.1	−0.4
2081—2090	375.2	−1.9	308.9	8.8	1 028.5	52.4
2091—2100	416.4	41.2	295.1	−13.8	1 038.5	10.1
累计变化		91.4		4.4		76.4

从表 3-5 可以看出，我国东北、黄淮海、长江中下游、华南、内蒙古这 5 个区未来年降水量增加幅度明显，为 91.4～168.6 mm。其中，黄淮海的年降水量增加量最大，为 168.6 mm，增加量第二大的为东北，增加了 146.0 mm；其他 4 个区的年降水增加量较小，为 4.4～77.3 mm，最小的是新疆，年降水量变化只有 4.4 mm，几乎没有变化。

下面给出了我国九个区未来每 10 年平均年降水量预测值，见图 3-6。

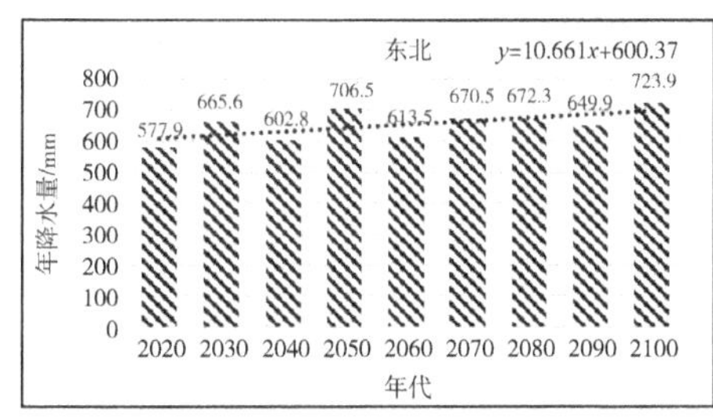

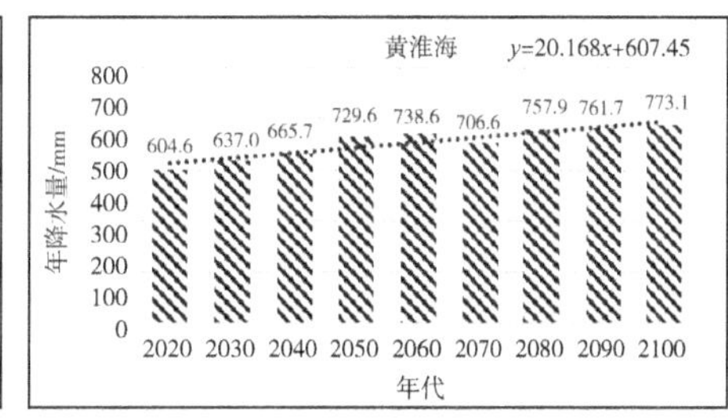

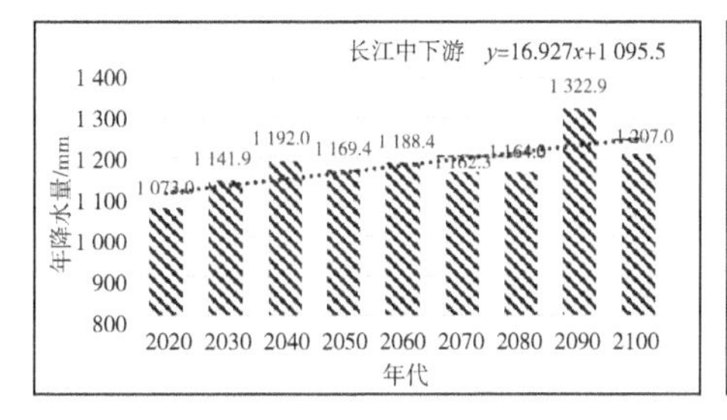

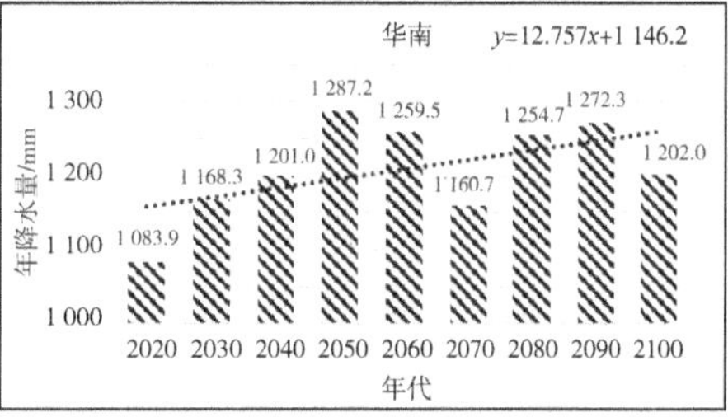

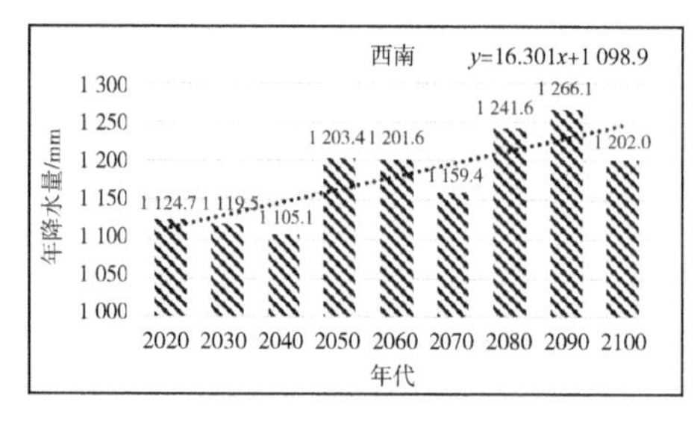

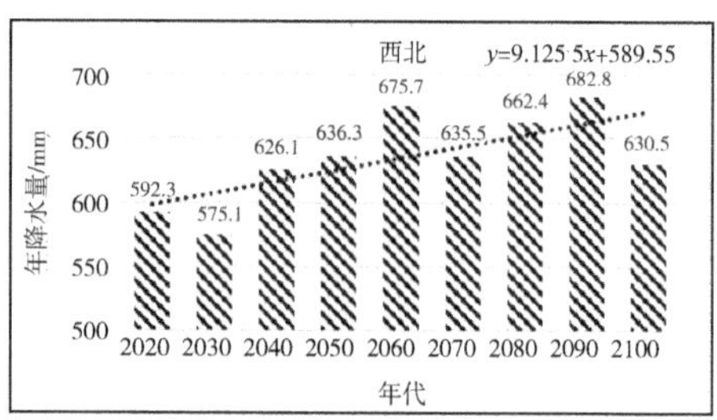

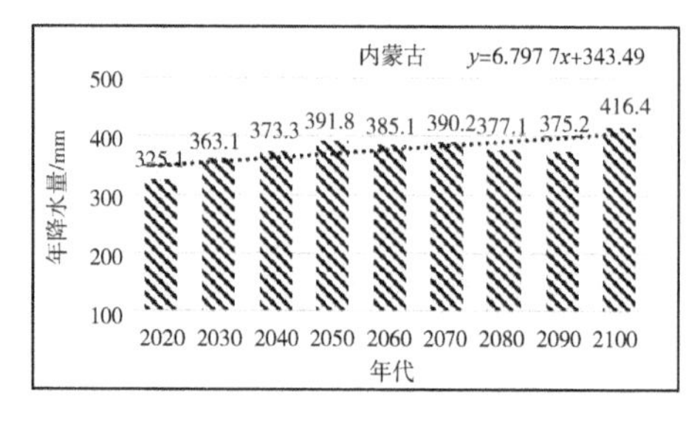

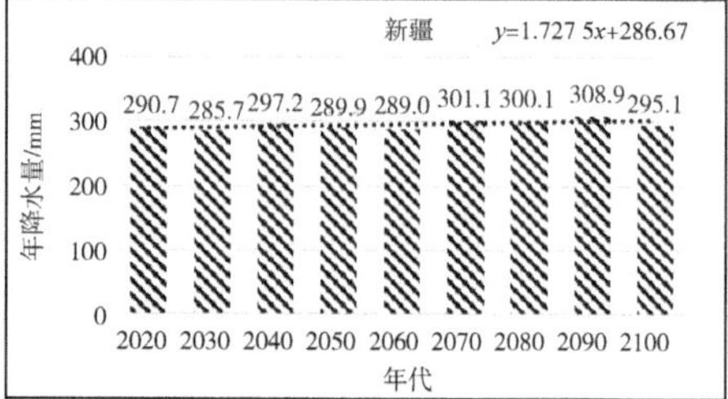

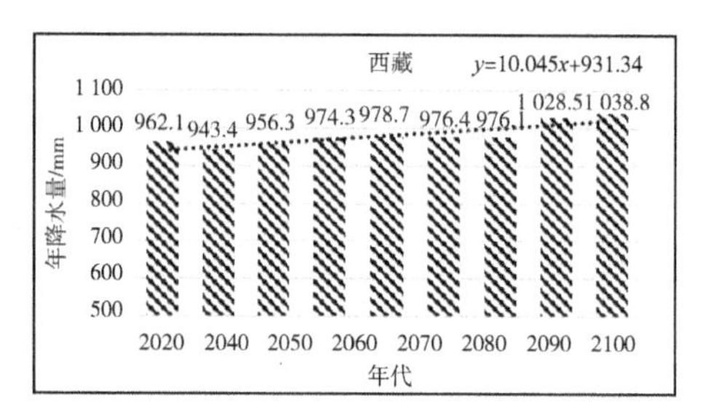

图 3-6 SSP2-4.5 情景下未来每 10 年年降水量预测

我国各大区现状和近期、中期、远期的年降水量变化见表 3-6。

表 3-6 SSP2-4.5 情景下未来不同时期年降水量变化 单位:mm

时期	年份	东北		黄淮海		长江中下游	
		年降水量	比前期	年降水量	比前期	年降水量	比前期
现状	2015—2020	577.9		604.6		1 073.0	
近期	2021—2040	634.2	56.3	651.3	46.8	1 166.9	93.9
中期	2041—2070	663.5	29.2	724.9	73.6	1 173.3	6.4
远期	2071—2100	682.0	18.5	764.3	39.3	1 207.0	33.7
累计变化			104.1		159.7		134.0

续　表

时期	年份	华南		西南		西北	
		年降水量	比前期	年降水量	比前期	年降水量	比前期
现状	2015—2020	1 083.9		1 124.7		592.3	
近期	2021—2040	1 184.6	100.7	1 112.3	−12.5	600.6	8.3
中期	2041—2070	1 235.8	51.2	1 188.1	75.9	649.2	48.6
远期	2071—2100	1 243.0	7.2	1 236.6	48.4	658.5	9.4
累计变化			159.1		111.8		66.2
时期	年份	内蒙古		新疆		西藏	
		年降水量	比前期	年降水量	比前期	年降水量	比前期
现状	2015—2020	325.1		290.7		962.1	
近期	2021—2040	368.2	43.1	291.5	0.7	949.8	−12.3
中期	2041—2070	389.0	20.8	293.3	1.9	976.5	26.6
远期	2071—2100	389.6	0.6	301.1	7.8	1 014.4	37.9
累计变化			64.5		10.4		52.2

由表 3-6 可知，我国各大区未来各时期年降水量累计变化量都在增加。其中，我国中东部的黄淮海、长江中下游、西南、东北的降水量累计增加量明显（>100 mm），其他区降水量增加不很明显（<70 mm）。

图 3-7 给出了 SSP2-4.5 情景下我国各大区未来降水变化率情况。

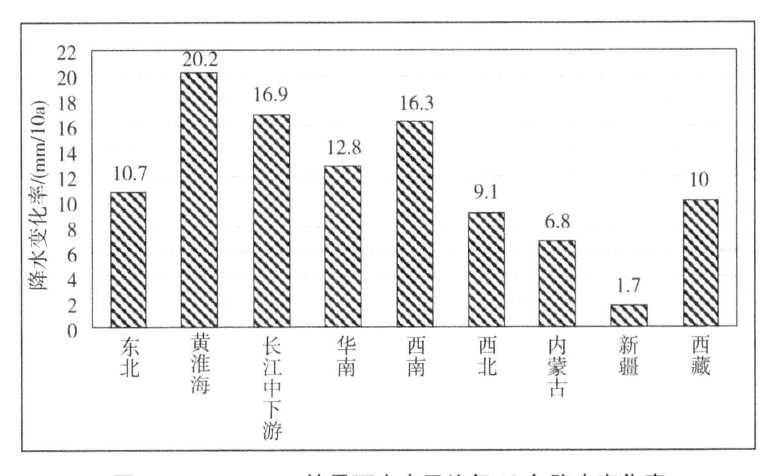

图 3-7　SSP2-4.5 情景下未来平均每 10 年降水变化率

通过图 3-7 可知，我国未来年降水变化率是最大的是黄淮海，其次为长江中下游，降水变化率最小的是新疆。

3.2.3 SSP2-4.5 情景下我国未来蒸发量变化

区域蒸发量与当地的气温和降水量密切相关。本书采用 SSP2-4.5 情景下未来(2015—2100 年)的逐月气温和降水预测值，利用建立的我国 31 个省区蒸发量与当地气温和降水量的经验关系，估算我国省区的月蒸发量进而得到各大区的年蒸发量。图 3-8 给出了九大区未来年蒸发量变化图。

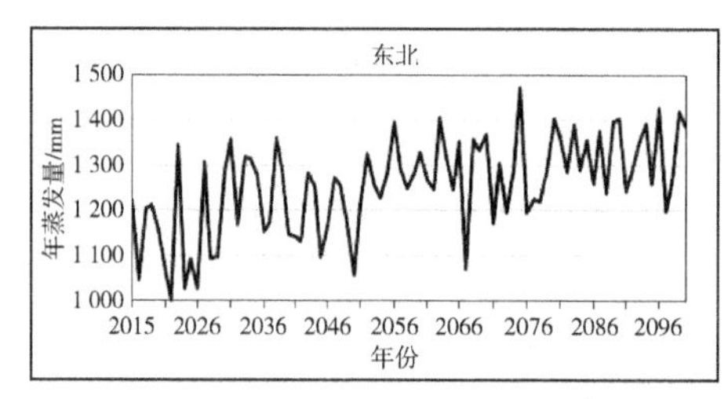

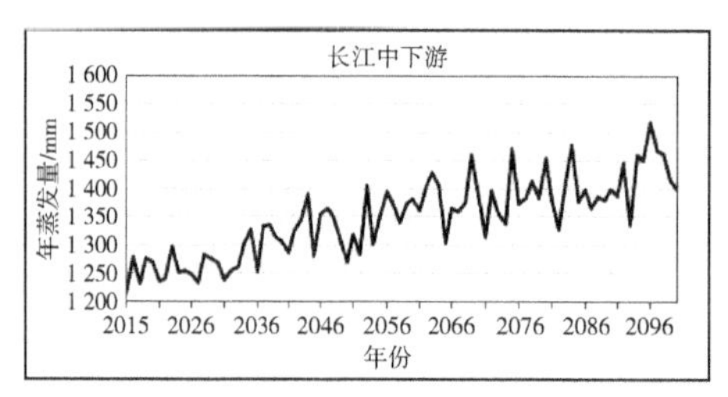

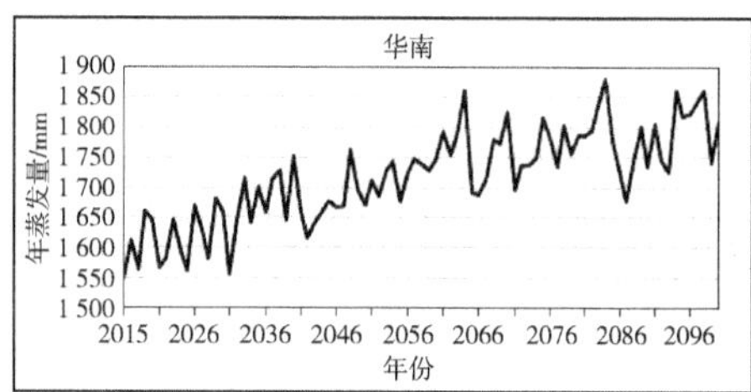

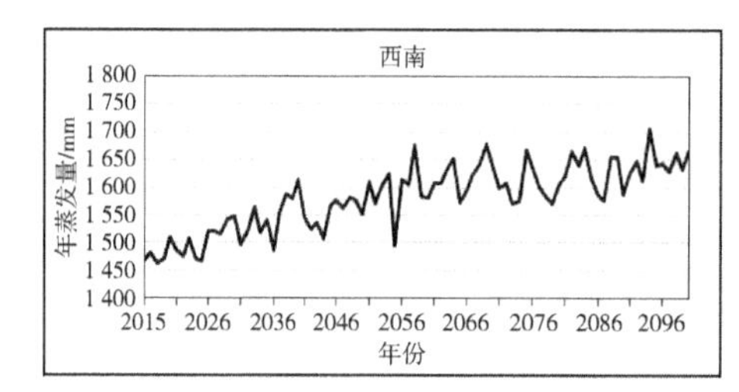

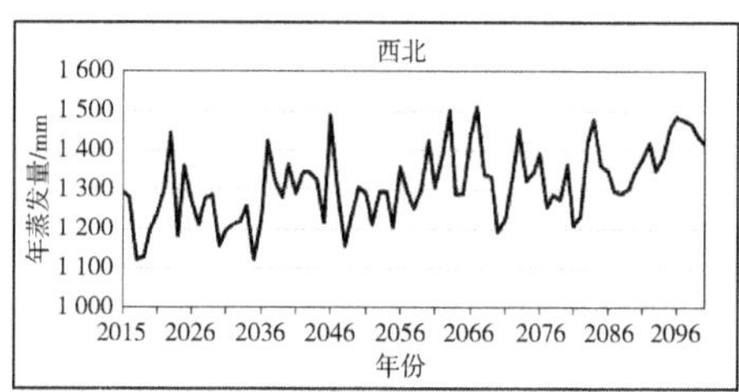

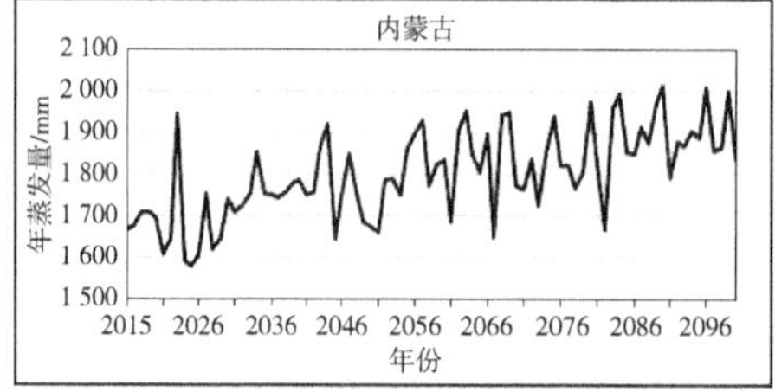

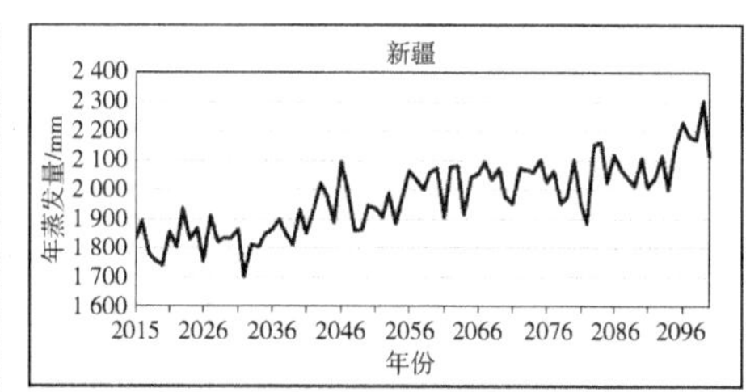

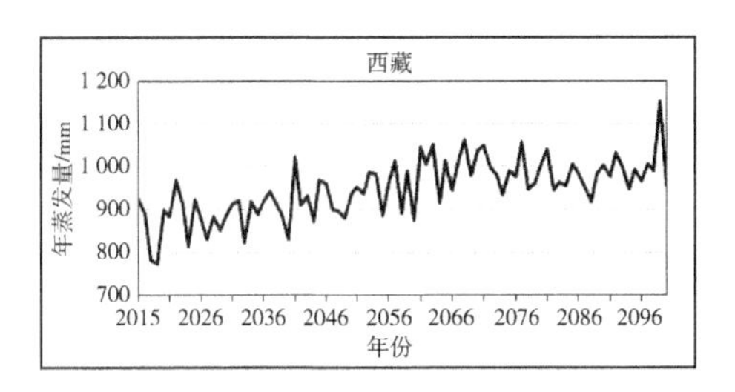

图 3-8　SSP2-4.5 情景下未来年蒸发量变化趋势

从图 3-8 可以看出，未来各大区的年蒸发量都呈现出明显增长趋势。经过分析计算，表 3-7 给出了我国九大区未来每 10 年年蒸发量变化情况。

表 3-7　SSP2-4.5 情景下未来每 10 年年蒸发量变化　　单位：mm

年份	东北		黄淮海		长江中下游	
	年蒸发量	比前10年	年蒸发量	比前10年	年蒸发量	比前10年
2015—2020	1 157.0		1 483.0		1 250.1	
2021—2030	1 134.6	−22.4	1 480.9	−2.1	1 258.4	8.3
2031—2040	1 256.5	121.8	1 524.4	43.5	1 292.3	34.0
2041—2050	1 182.5	−74.0	1 515.8	−8.6	1 327.7	35.4
2051—2060	1 285.0	102.5	1 545.0	29.1	1 352.7	25.0
2061—2070	1 297.0	12.0	1 624.7	79.8	1 385.8	33.1
2071—2080	1 277.3	−19.8	1 567.1	−57.6	1 389.1	3.3
2081—2090	1 336.1	58.8	1 598.2	31.1	1 390.6	1.5
2091—2100	1 322.4	−13.7	1 654.5	56.4	1 435.0	44.4
累计变化		165.3		171.5		184.9

年份	华南		西南		西北	
	年蒸发量	比前10年	年蒸发量	比前10年	年蒸发量	比前10年
2015—2020	1 599.3		1 478.4		1 206.3	
2021—2030	1 616.8	17.6	1 505.4	26.9	1 273.5	67.2
2031—2040	1 676.0	59.1	1 546.2	40.8	1 262.9	−10.6
2041—2050	1 672.3	−3.6	1 553.1	6.8	1 301.4	38.5

续 表

年份	华南		西南		西北	
	年蒸发量	比前10年	年蒸发量	比前10年	年蒸发量	比前10年
2051—2060	1 723.6	51.3	1 596.2	43.2	1 292.8	−8.7
2061—2070	1 766.9	43.3	1 625.5	29.2	1 358.9	66.1
2071—2080	1 760.2	−6.8	1 602.3	−23.2	1 326.1	−32.7
2081—2090	1 776.4	16.2	1 627.2	25.0	1 329.0	2.8
2091—2100	1 803.7	27.3	1 647.0	19.7	1 358.9	29.9
累计变化		204.5		168.5		152.6
年份	内蒙古		新疆		西藏	
	年蒸发量	比前10年	年蒸发量	比前10年	年蒸发量	比前10年
2015—2020	1 690.0		1 790.8		852.0	
2021—2030	1 674.7	−15.3	1 845.7	55.0	883.4	31.4
2031—2040	1 763.1	88.4	1 839.4	−6.3	895.7	12.3
2041—2050	1 766.7	3.6	1 945.1	105.7	928.9	33.2
2051—2060	1 811.4	44.8	1 994.4	49.3	948.0	19.0
2061—2070	1 842.0	30.5	2026.8	32.3	1 007.8	59.9
2071—2080	1 832.2	−9.7	2039.1	12.3	990.1	−17.7
2081—2090	1 893.7	61.5	2053.2	14.2	975.6	−14.5
2091—2100	1 891.1	−2.6	2 132.0	78.8	1 002.6	27.0
累计变化		201.1		341.3		150.6

从表3-7来看，我国九个区未来年蒸发量增加趋势明显，增加幅度为150.6～341.3 mm。其中，新疆的年蒸发量变化最大，增加了341.3 mm；变化第二大的为华南，增加了204.5 mm；蒸发量增加最少的是西藏，为150.6 mm，其次为西北的152.6mm。

下面给出了我国九个区未来平均每10年年蒸发量预测值图，见图3-9。

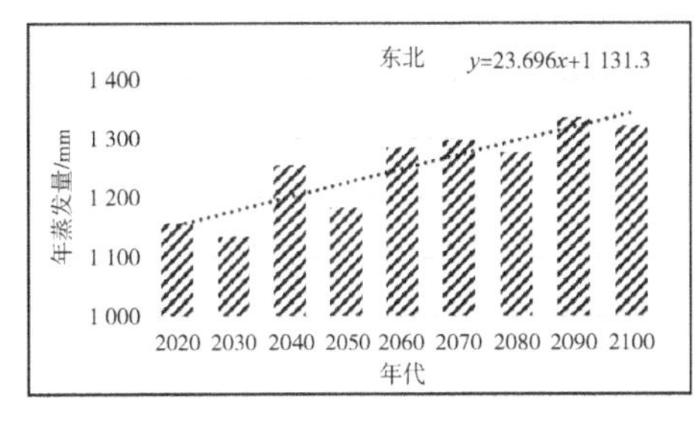

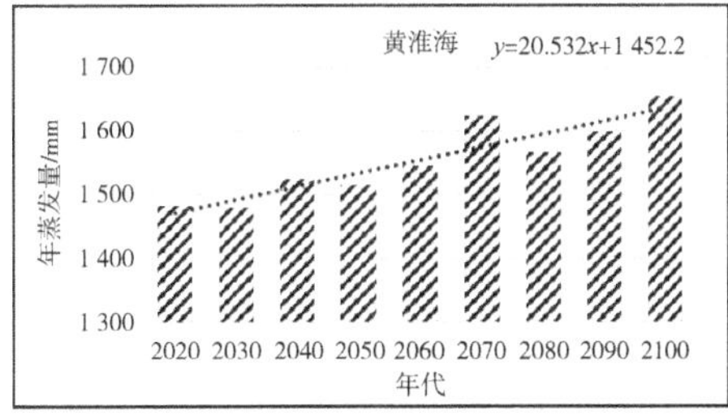

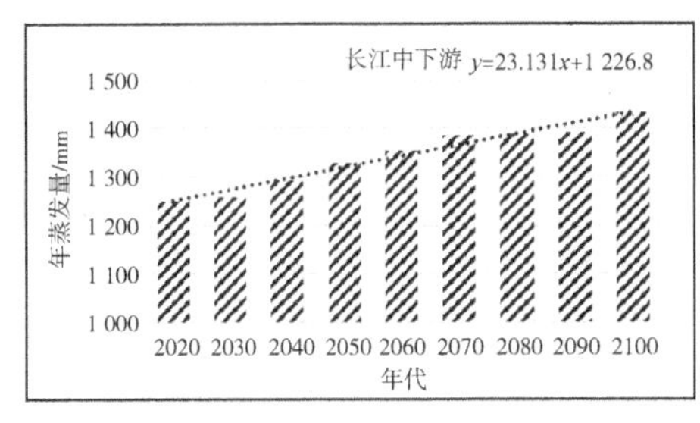

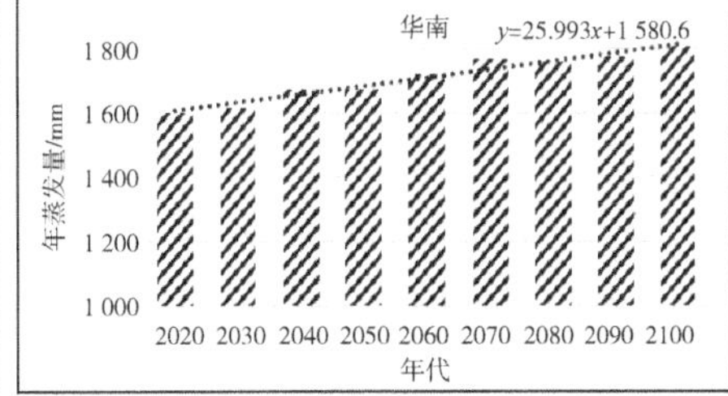

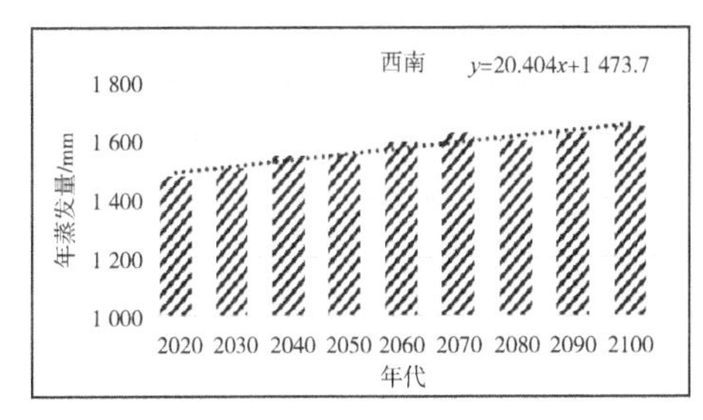

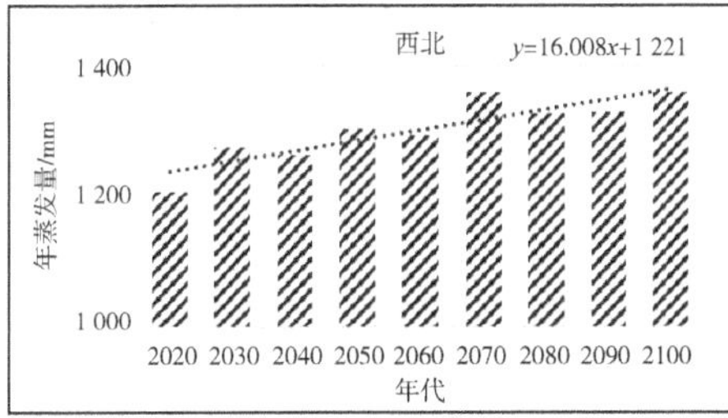

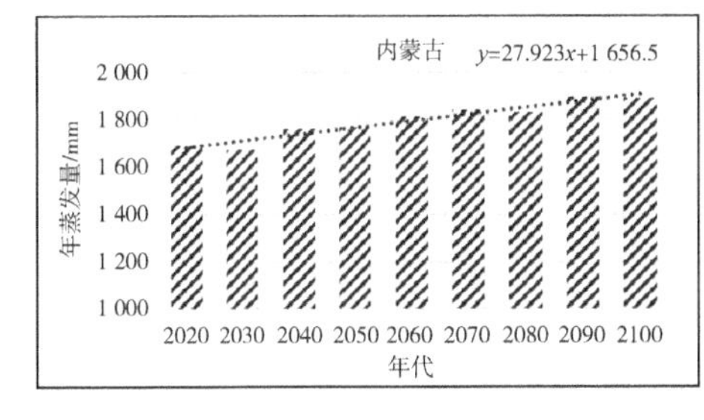

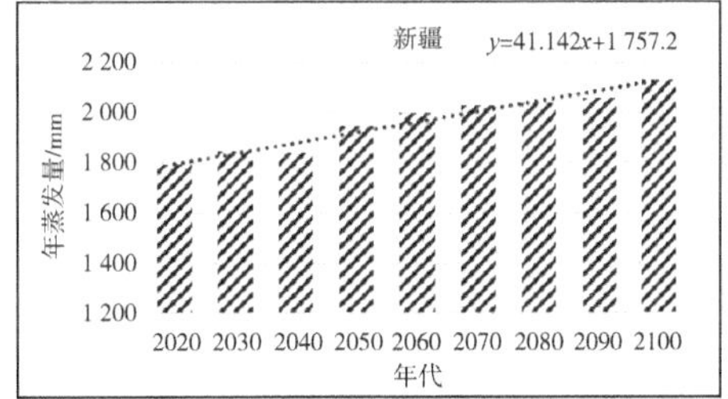

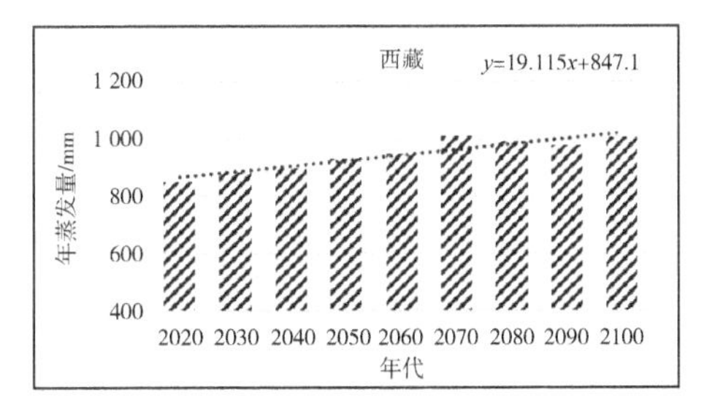

图 3-9　SSP2-4.5 情景下未来每 10 年年蒸发量预测

我国各大区现状、近期、中期、远期的平均年蒸发量变化见表 3-8。

表 3-8　SSP2-4.5 情景下未来不同时期年蒸发量变化　　单位:mm

时期	年份	东北		黄淮海		长江中下游	
		年蒸发量	比前期	年蒸发量	比前期	年蒸发量	比前期
现状	2015—2020	1 157.0		1 483.0		1 250.1	
近期	2021—2040	1 195.6	38.5	1 502.7	19.6	1 275.3	25.2
中期	2041—2070	1 254.9	59.3	1 561.8	59.2	1 355.4	80.1
远期	2071—2100	1 311.9	57.0	1 606.6	44.8	1 404.9	49.5
累计变化			154.9		123.6		154.8
时期	年份	华南		西南		西北	
		年蒸发量	比前期	年蒸发量	比前期	年蒸发量	比前期
现状	2015—2020	1 599.3		1 478.4		1 206.3	
近期	2021—2040	1 646.4	47.1	1 525.8	47.4	1 268.2	61.9
中期	2041—2070	1 721.0	74.6	1 591.6	65.8	1 317.7	49.5
远期	2071—2100	1 780.1	59.1	1 625.5	33.9	1 338.0	20.3
累计变化			180.8		147.1		131.7
时期	年份	内蒙古		新疆		西藏	
		年蒸发量	比前期	年蒸发量	比前期	年蒸发量	比前期
现状	2015—2020	1 690.0		1 790.8		852.0	
近期	2021—2040	1 718.9	28.9	1 842.6	51.8	889.5	37.6
中期	2041—2070	1 806.7	87.8	1988.8	146.2	961.6	72.0
远期	2071—2100	1 872.4	65.7	2074.8	86.0	989.4	27.9
累计变化			182.4		284.0		137.5

图 3-10 给出了我国各大区未来蒸发变化率情况。

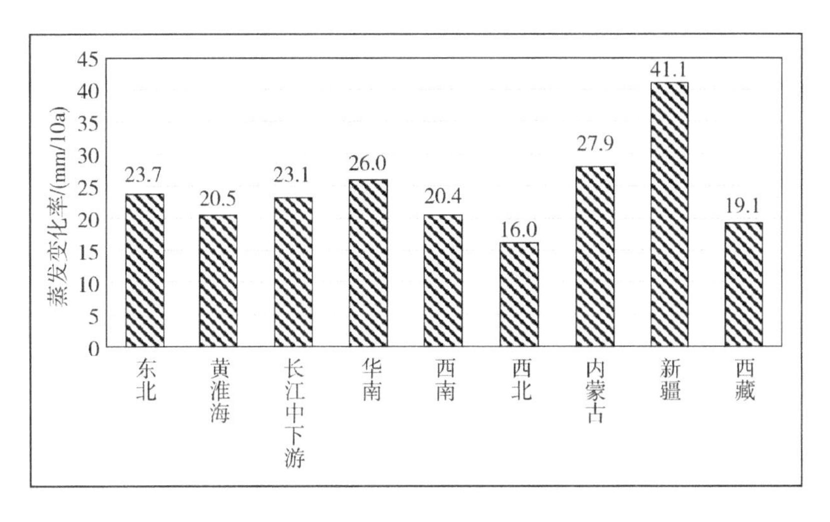

图 3-10 SSP2-4.5 情景下未来平均每 10 年蒸发变化率

从图 3-10 可知，在 SSP2-4.5 情景下，未来新疆的蒸发变化率最大，达到了 41.1 mm/10 a，其次为内蒙古和华南，蒸发变化幅度最小的是西北，蒸发变化率为 16.0 mm/10 a，其他区域的蒸发变化率都在 20 mm/10 a 左右。

3.3 SSP5-8.5 情景下我国未来气候变化预测

本节分析在 SSP5-8.5 情景下我国九个区的气温、降水和蒸发量在未来（2015—2100 年）的变化趋势。

3.3.1 SSP5-8.5 情景下我国未来气温变化

根据 BCC 气候变化模式 SSP5-8.5 情景下的预测数据，我国九个区的气温变化见图 3-11。

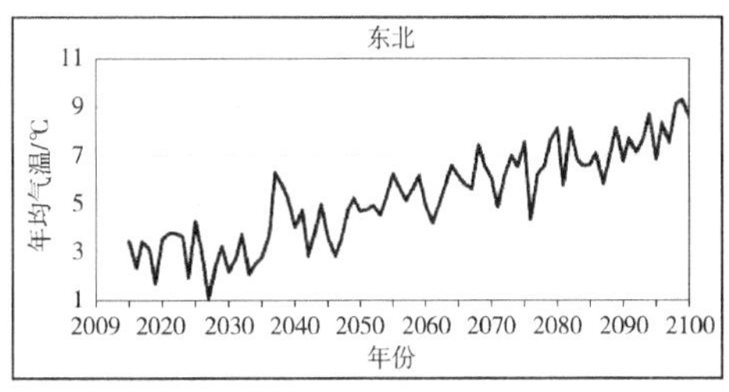

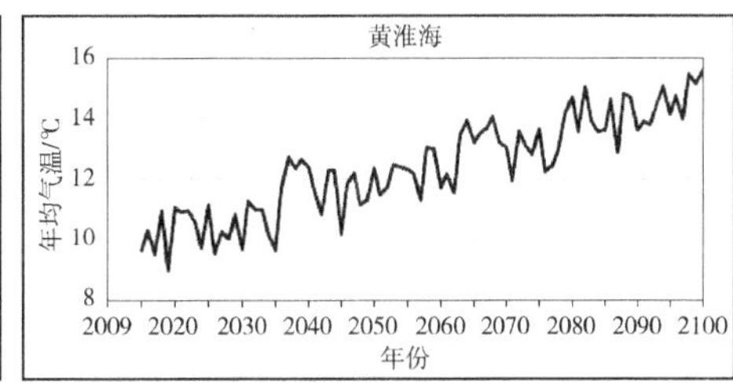

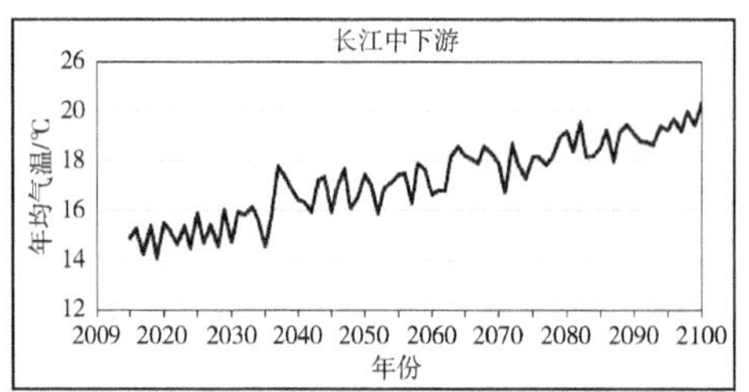

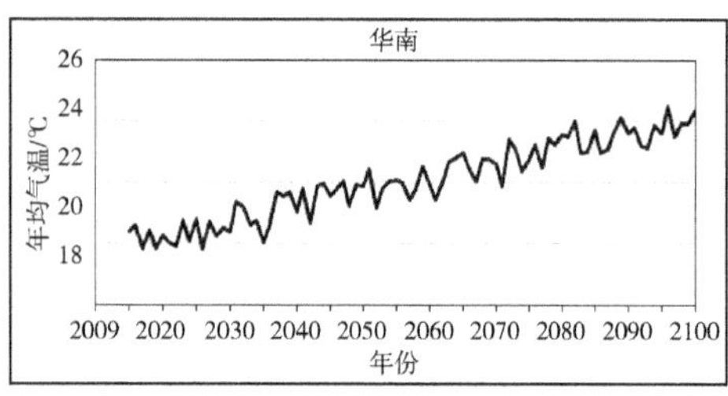

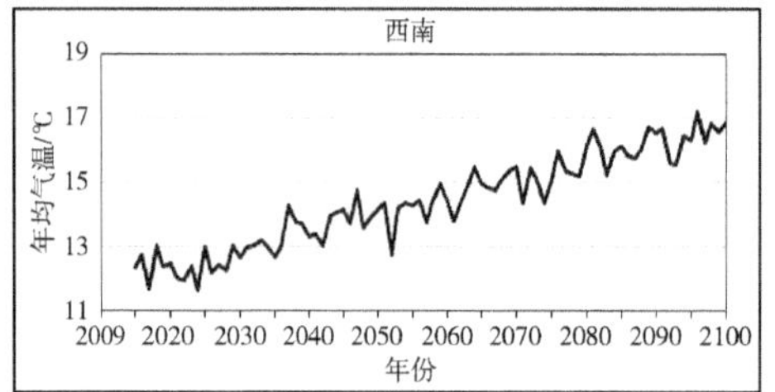

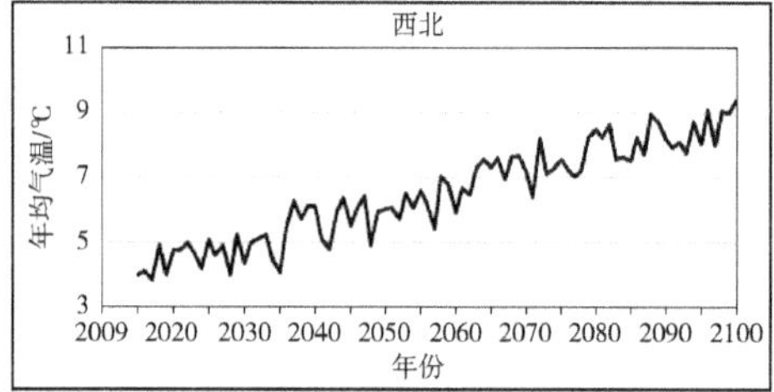

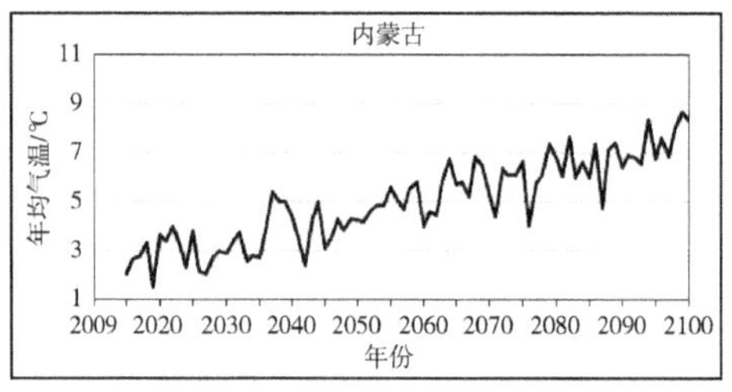

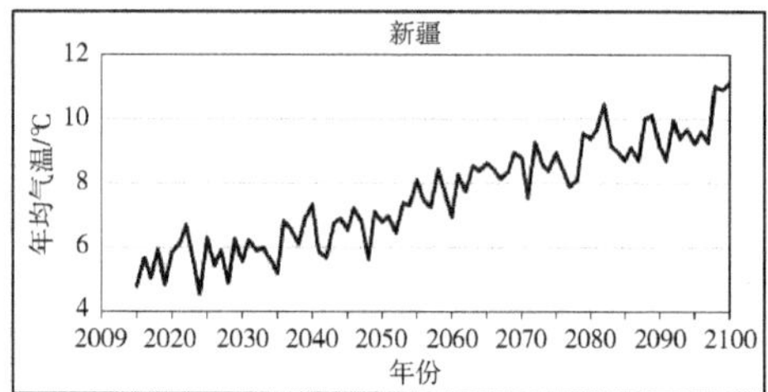

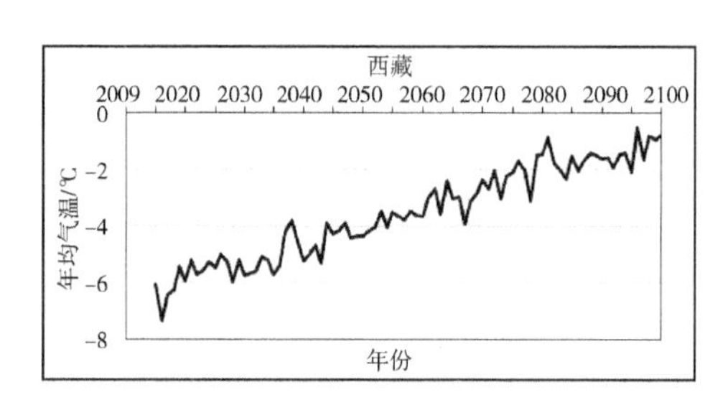

图 3-11　SSP5-8.5 情景下未来年均气温变化趋势

由图 3-11 可以看出，在 SSP5-8.5 情景下，全国未来的气温变化呈增长趋势。具体见表 3-9。

表 3-9　SSP5-8.5 情景下未来每 10 年年均气温变化　　　单位:℃

年份	东北		黄淮海		长江中下游	
	年均气温	比前10年	年均气温	比前10年	年均气温	比前10年
2015—2020	2.9		10.1		14.9	
2021—2030	2.9	0.0	10.4	0.3	15.1	0.2
2031—2040	3.9	1.0	11.5	1.1	16.2	1.1
2041—2050	4.1	0.2	11.6	0.1	16.8	0.5
2051—2060	5.3	1.2	12.2	0.6	17.1	0.3
2061—2070	5.9	0.6	13.2	1.0	17.9	0.9
2071—2080	6.5	0.6	13.2	0.0	18.1	0.2
2081—2090	6.9	0.4	14.0	0.9	18.8	0.7
2091—2100	8.1	1.2	14.6	0.6	19.4	0.6
累计变化		5.2		4.5		4.5
年份	华南		西南		西北	
	年均气温	比前10年	年均气温	比前10年	年均气温	比前10年
2015—2020	20.2		12.2		4.3	
2021—2030	20.4	0.2	12.4	0.2	4.7	0.4
2031—2040	21.0	0.6	13.3	0.9	5.4	0.7
2041—2050	21.7	0.6	13.9	0.6	5.7	0.4
2051—2060	21.9	0.3	14.2	0.3	6.2	0.5
2061—2070	22.5	0.5	14.9	0.7	7.3	1.0
2071—2080	22.9	0.5	15.2	0.3	7.5	0.2
2081—2090	23.5	0.5	16.1	0.9	8.2	0.7
2091—2100	23.8	0.3	16.4	0.3	8.5	0.4
累计变化		3.6		4.2		4.2

续　表

年份	内蒙古		新疆		西藏	
	年均气温	比前10年	年均气温	比前10年	年均气温	比前10年
2015—2020	2.6		5.3		−6.2	
2021—2030	3.0	0.4	5.7	0.4	−5.4	0.8
2031—2040	3.9	0.9	6.3	0.5	−5.0	0.4
2041—2050	3.8	0.0	6.5	0.3	−4.4	0.6
2051—2060	4.9	1.1	7.4	0.9	−3.7	0.7
2061—2070	5.7	0.8	8.4	1.0	−3.0	0.7
2071—2080	6.0	0.3	8.6	0.2	−2.2	0.8
2081—2090	6.5	0.6	9.4	0.8	−1.7	0.5
2091—2100	7.5	1.0	9.9	0.5	−1.3	0.4
累计变化		4.9		4.6		4.9

经对气象预测数据的统计，在2015—2100年期间，全国九大区每10年年平均温度增长速度为0～1.2℃，到2100年各大区气温增长幅度为3.6～5.2℃。其中，东北气温增长幅度最大，为5.2℃，华南气温增长为最少，为3.6℃。由表3-9可知BCC气候变化模式SSP5-8.5情景下我国九个区在未来每10年可达到的年均气温预测值如图3-12所示。

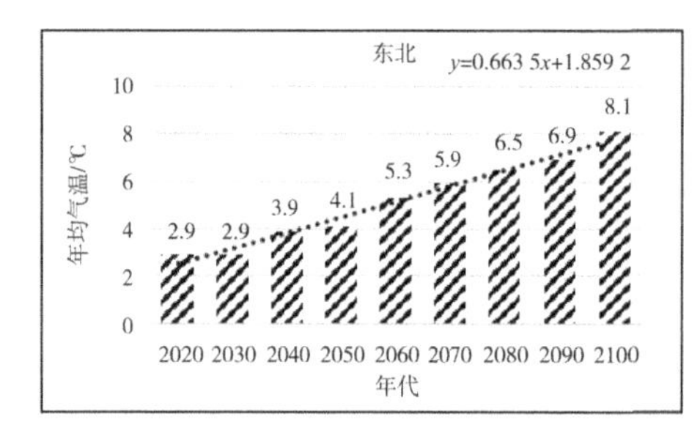

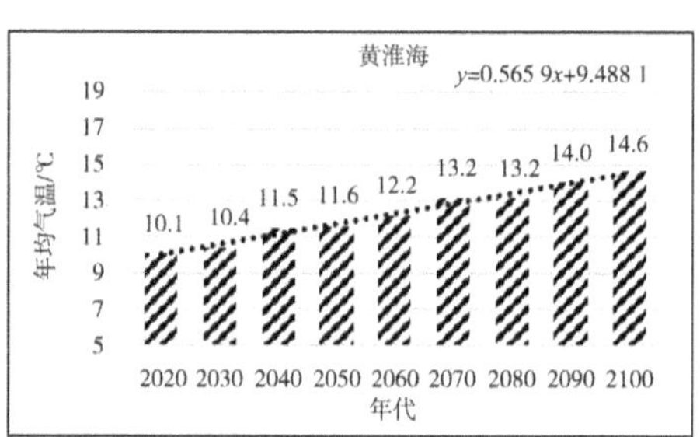

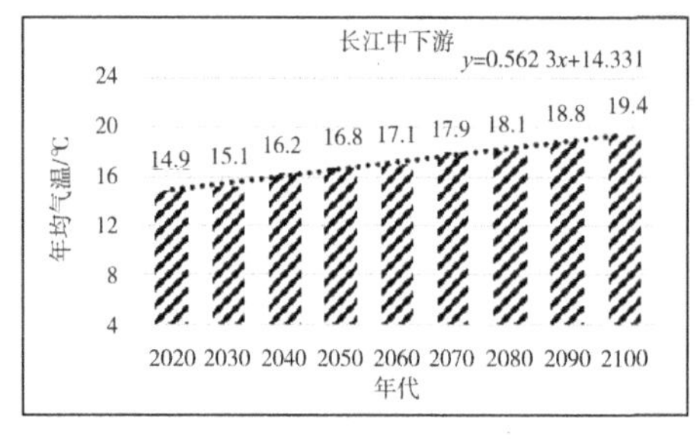

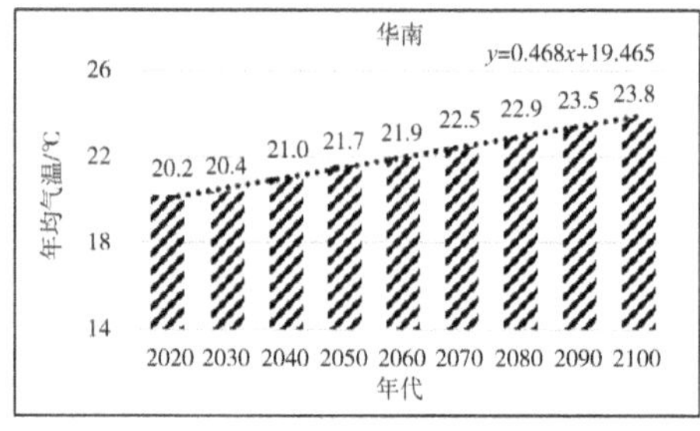

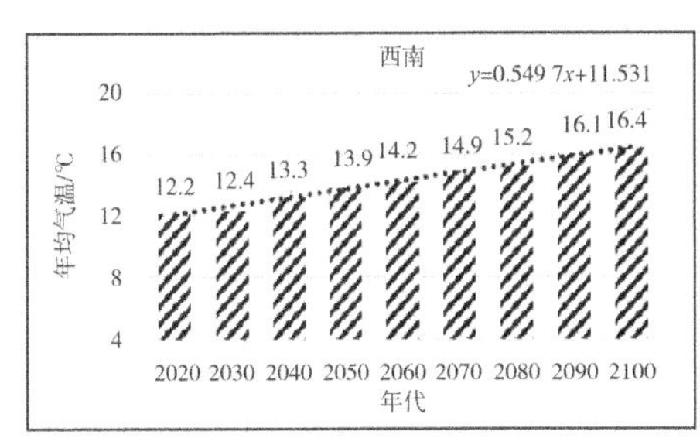

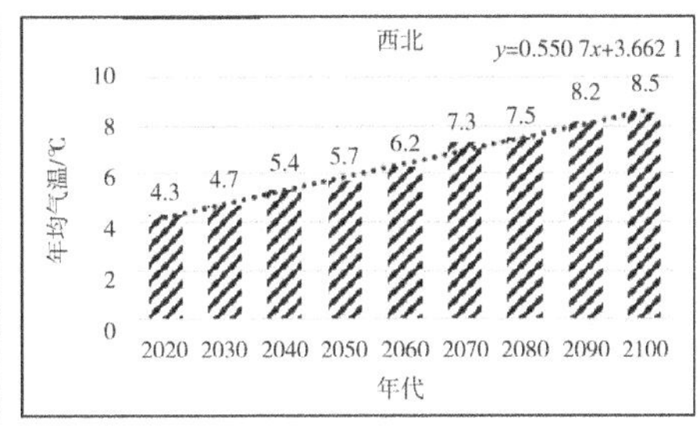

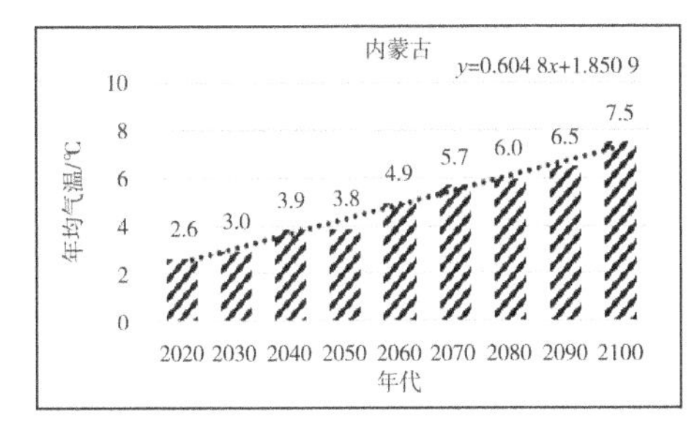

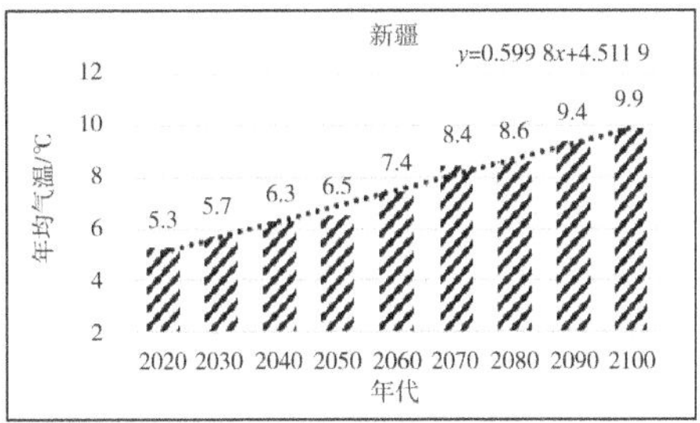

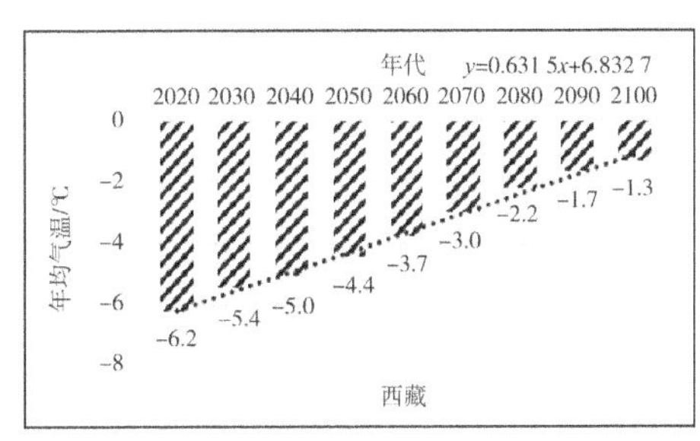

图 3-12　SSP5-8.5 情景下未来每 10 年年均气温预测

将研究范围分为现状(2015—2020 年)、近期(2021—2040 年)、中期(2041—2070 年)和远期(2071—2100 年)4 个时期，分析和计算我国各大区未来时期气温变化空间分布状况，表 3-10 给出了未来各个时期我国各大区的气温变化状况。

表 3-10　SSP5-8.5 情景下未来不同时期年均气温变化　　单位：℃

时期	年份	东北		黄淮海		长江中下游	
		年均气温	比前期	年均气温	比前期	年均气温	比前期
现状	2015—2020	2.9		10.1		14.9	
近期	2021—2040	3.4	0.5	11.0	0.9	15.7	0.8
中期	2041—2070	5.1	1.7	12.3	1.4	17.3	1.6
远期	2071—2100	7.2	2.0	13.9	1.6	18.8	1.5
累计变化			4.3		3.8		3.9

续 表

时期	年份	华南		西南		西北	
		年均气温	比前期	年均气温	比前期	年均气温	比前期
现状	2015—2020	20.2		12.2		4.3	
近期	2021—2040	20.7	0.5	12.8	0.6	5.0	0.7
中期	2041—2070	22.0	1.3	14.3	1.5	6.4	1.4
远期	2071—2100	23.4	1.4	15.9	1.6	8.1	1.6
累计变化			3.2		3.7		3.8
时期	年份	内蒙古		新疆		西藏	
		年均气温	比前期	年均气温	比前期	年均气温	比前期
现状	2015—2020	2.6		5.3		−6.2	
近期	2021—2040	3.4	0.8	6.0	0.7	−5.2	1.0
中期	2041—2070	4.8	1.4	7.5	1.5	−3.7	1.5
远期	2071—2100	6.7	1.8	9.3	1.8	−1.7	2.0
累计变化			4.1		4.0		4.5

SSP5-8.5 情景下我国各大区未来气温变化率情况见图 3-13。

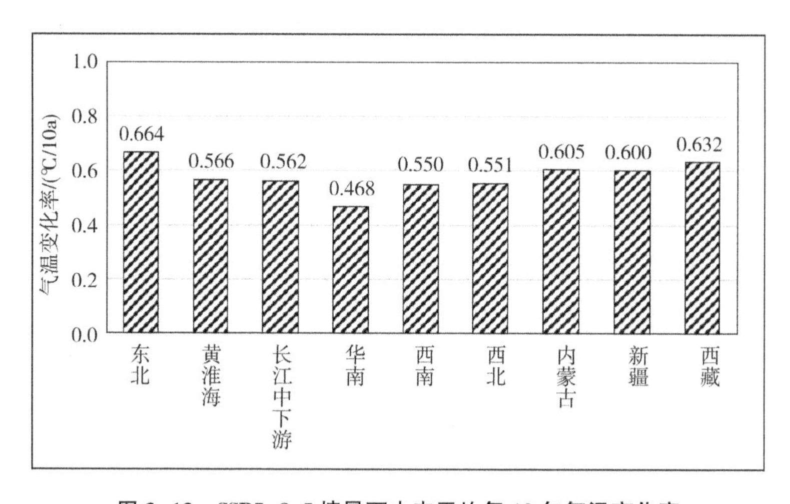

图 3-13　SSP5-8.5 情景下未来平均每 10 年气温变化率

由图 3-13 可知，我国北方地区每 10 年年均气温变化率要高于南方地区。气温变化率最高的是东北，为 0.664℃/10 a，气温变化率较低的是华南。

3.3.2 SSP5-8.5 情景下我国未来降水量变化

在 BCC 气候变化模式的 SSP5-8.5 情景下预测的我国九个区的降水量变化见图 3-14。

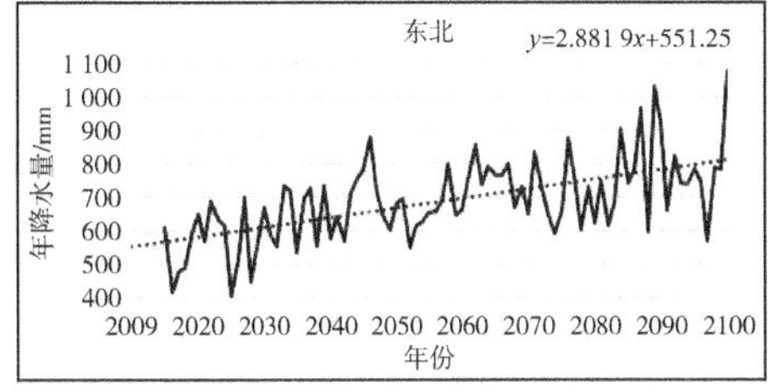

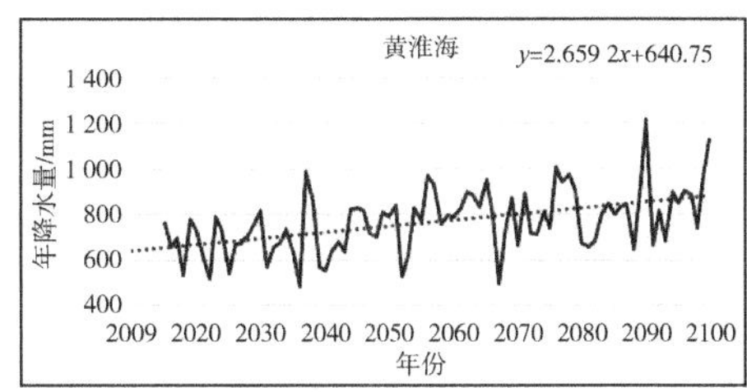

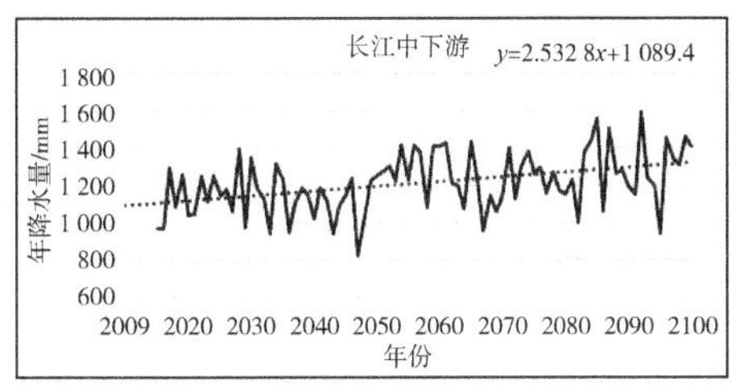

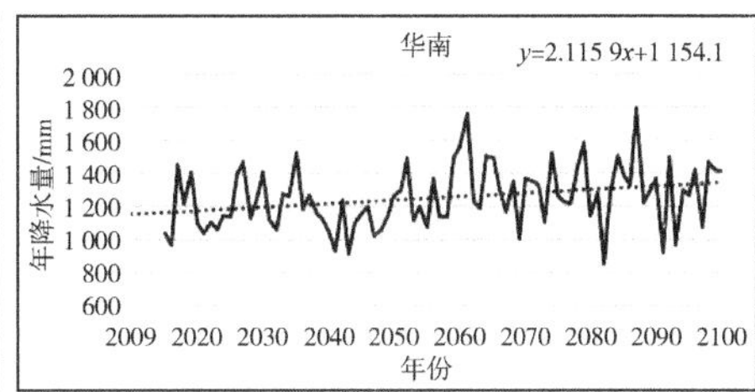

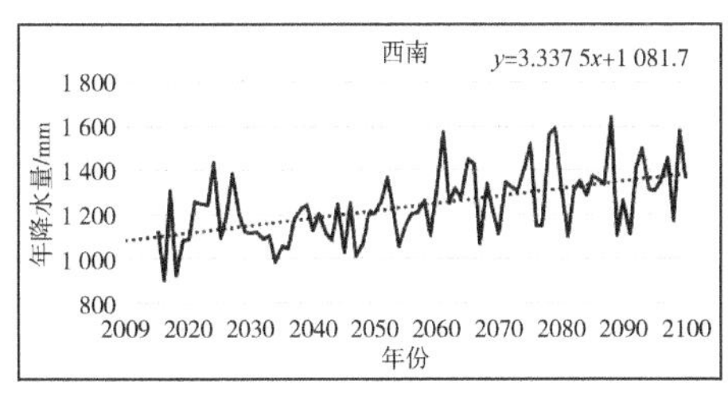

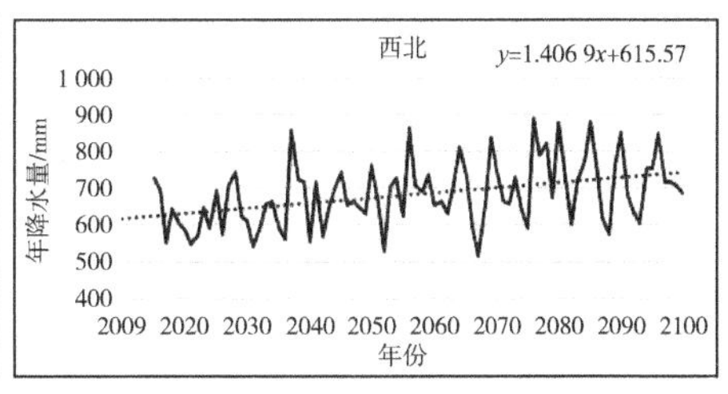

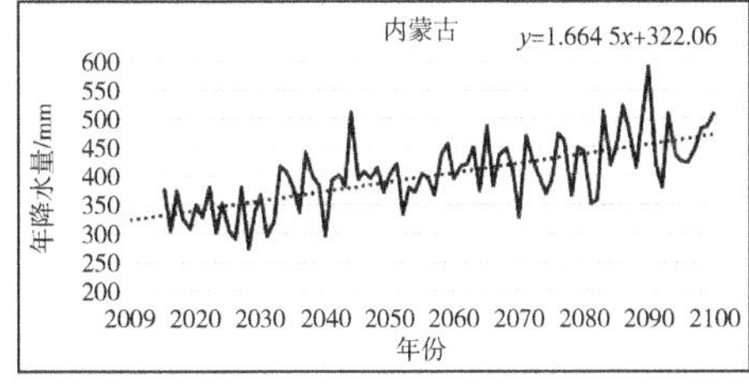

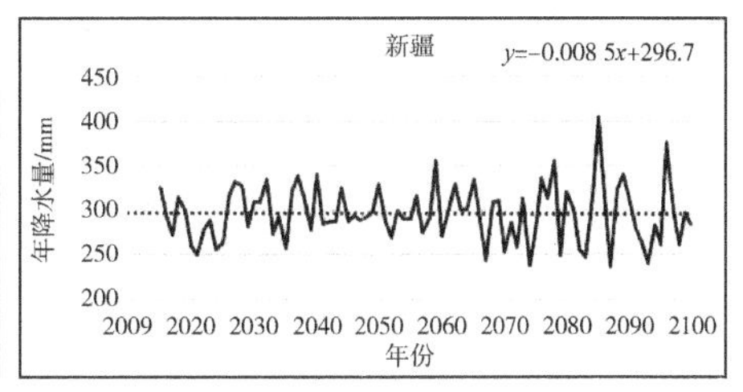

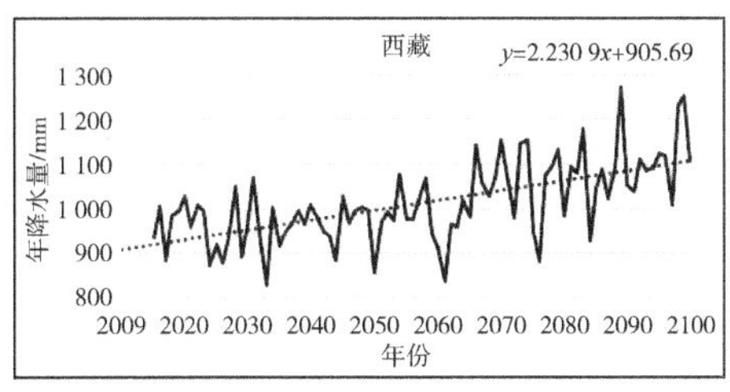

图 3-14 SSP5-8.5 情景下未来年降水量变化趋势

由图 3-14 可以看出，在 SSP5-8.5 情景下，全国未来年降水量变化在大部分地区呈增长趋势，小部分地区增长趋势不明显，具体变化见表 3-11。

表 3-11 SSP5-8.5 情景下未来每 10 年年降水量变化 单位：mm

年份	东北		黄淮海		长江中下游	
	年降水量	比前10年	年降水量	比前10年	年降水量	比前10年
2015—2020	540.9		694.8		1 104.1	
2021—2030	583.2	42.3	684.6	−10.2	1 175.6	71.5
2031—2040	642.6	59.4	672.6	−11.9	1 121.2	−54.4
2041—2050	700.4	57.8	744.6	72.0	1 105.6	−15.6
2051—2060	661.2	−39.2	783.8	39.2	1 314.5	208.8
2061—2070	752.9	91.7	798.3	14.4	1 189.2	−125.2
2071—2080	705.4	−47.5	839.5	41.3	1 252.6	63.3
2081—2090	800.8	95.4	823.2	−16.4	1 292.2	39.7
2091—2100	771.7	−29.1	856.1	32.9	1 311.8	19.6
累计变化		230.8		161.3		207.7

年份	华南		西南		西北	
	年降水量	比前10年	年降水量	比前10年	年降水量	比前10年
2015—2020	1 199.7		1 071.5		635.8	
2021—2030	1 215.8	16.2	1 230.2	158.7	631.1	−4.7
2031—2040	1 203.9	−12.0	1 117.5	−112.7	646.7	15.6
2041—2050	1 104.8	−99.1	1 142.7	25.2	672.9	26.2
2051—2060	1 290.6	185.8	1 215.0	72.4	688.8	15.9
2061—2070	1 339.5	48.9	1 304.2	89.1	689.9	1.1
2071—2080	1 322.8	−16.7	1 371.2	67.1	733.5	43.6
2081—2090	1 332.4	9.6	1 313.4	−57.9	726.4	−7.0
2091—2100	1 278.1	−54.3	1 357.9	44.5	709.9	−16.5
累计变化		78.5		286.4		74.2

续 表

年份	内蒙古		新疆		西藏	
	年降水量	比前10年	年降水量	比前10年	年降水量	比前10年
2015—2020	339.8		294.5		973.0	
2021—2030	331.5	−8.3	290.6	−3.9	948.3	−24.7
2031—2040	367.5	36.0	305.8	15.2	963.1	14.9
2041—2050	407.7	40.2	297.8	−8.0	960.7	−2.5
2051—2060	397.2	−10.4	294.6	−3.3	991.5	30.9
2061—2070	415.8	18.6	297.3	2.7	1 022.7	31.2
2071—2080	426.2	10.4	294.8	−2.5	1 045.5	22.8
2081—2090	461.6	35.4	305.7	10.8	1 086.2	40.7
2091—2100	452.8	−8.8	284.6	−21.0	1 117.5	31.3
累计变化		113.0		−9.9		144.5

从表 3-11 可以看出，在我国东北、黄淮海、长江中下游、西南、内蒙古、西藏这 6 个区未来的年降水量增加趋势明显。其中，西南的年降水量变化最大，增加了 286.4 mm；变化第二大的为东北，降水量增加了 230.8 mm；而华南、西北、新疆 3 个区降水量变化较小，变化量最小的是新疆，年降水量变化只有−9.9 mm，几乎没有变化。

下面给出了我国九个区未来平均每 10 年的年降水量预测图，见图 3-15。

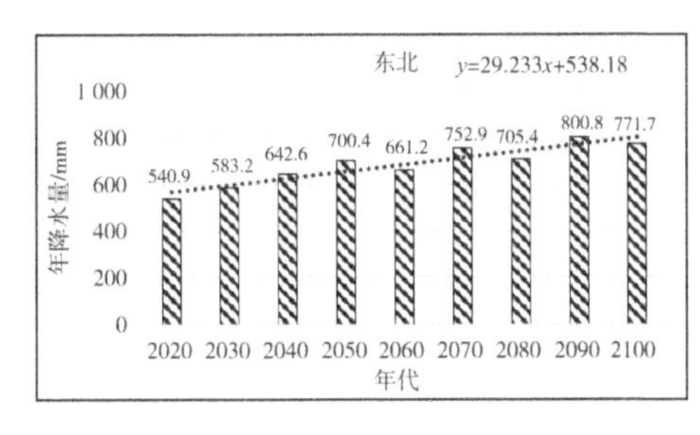

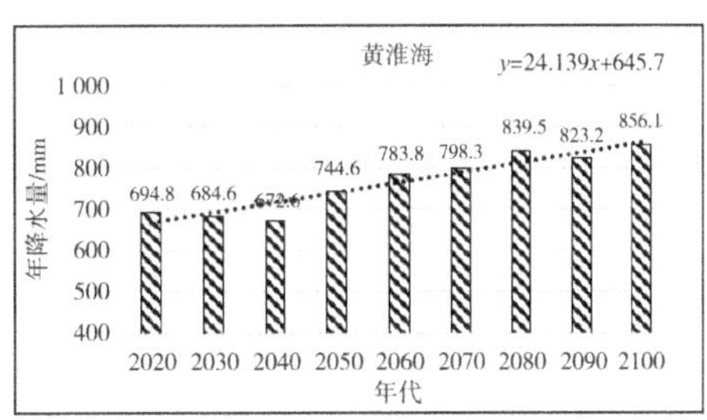

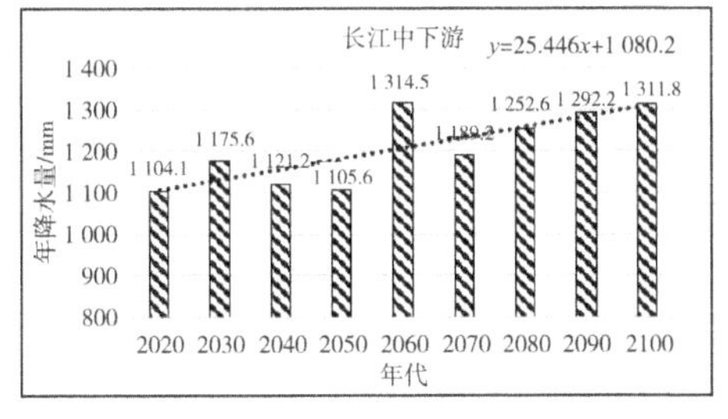

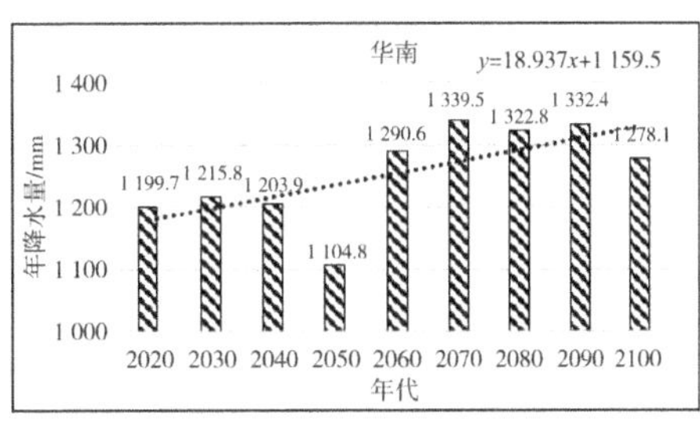

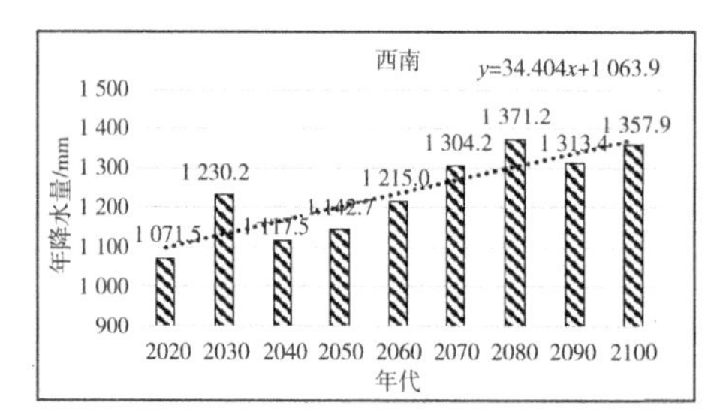

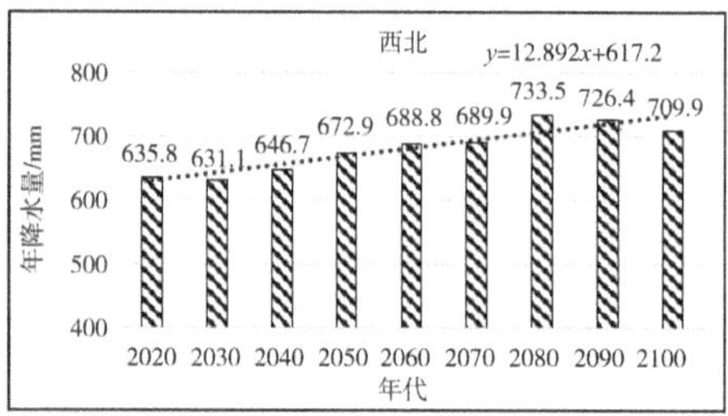

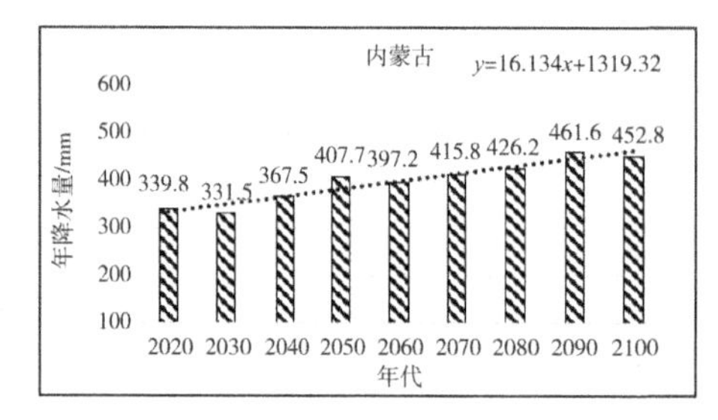

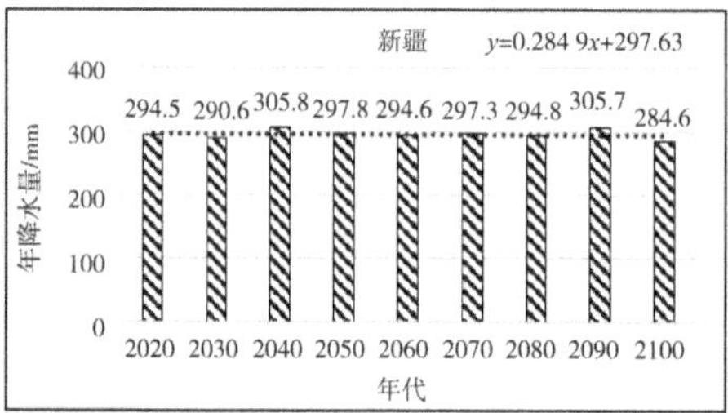

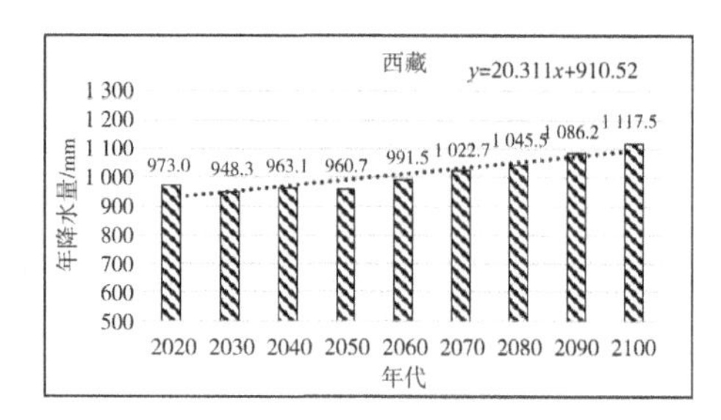

图 3-15　SSP5-8.5 情景下未来每 10 年年降水量预测

我国各大区现状和近期、中期、远期的年降水量变化见表 3-12。

表 3-12　SSP5-8.5 情景下未来不同时期年降水量变化　　单位:mm

时期	年份	东北		黄淮海		长江中下游	
		年降水量	比前期	年降水量	比前期	年降水量	比前期
现状	2015—2020	540.9		694.8		1 104.1	
近期	2021—2040	612.9	72.0	678.6	−16.2	1 148.4	44.3
中期	2041—2070	663.5	50.6	724.9	46.3	1 173.3	24.9
远期	2071—2100	682.0	18.5	764.3	39.3	1 207.0	33.7
累计变化			141.1		69.4		102.9

续 表

时期	年份	华南		西南		西北	
		年降水量	比前期	年降水量	比前期	年降水量	比前期
现状	2015—2020	1 199.7		1 071.5		635.8	
近期	2021—2040	1 209.9	10.2	1 173.8	102.4	638.9	3.1
中期	2041—2070	1 245.0	35.1	1 220.6	46.8	683.9	45.0
远期	2071—2100	1 311.1	66.2	1 347.5	126.9	658.5	−25.3
累计变化			111.5		276.0		22.8
时期	年份	内蒙古		新疆		西藏	
		年降水量	比前期	年降水量	比前期	年降水量	比前期
现状	2015—2020	339.8		294.5		973.0	
近期	2021—2040	349.5	9.7	298.2	3.7	955.7	−17.3
中期	2041—2070	389.0	39.6	293.3	−4.9	976.5	20.7
远期	2071—2100	389.6	0.6	301.1	7.8	1 014.4	37.9
累计变化			49.8		6.6		41.3

SSP5-8.5 情景下未来我国各大区降水量变化率见图 3-16。

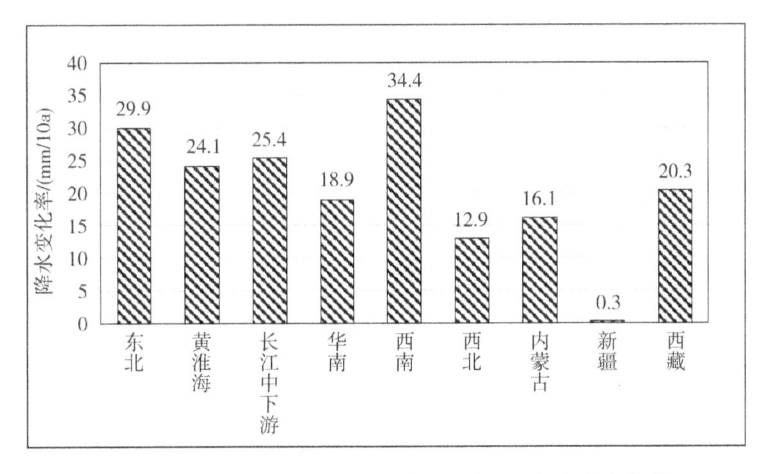

图 3-16 SSP5-8.5 情景下未来平均每 10 年降水变化率

从图 3-16 可以看出，在 SSP5-8.5 情景下，未来我国降水量的变化都呈增加趋势；西南、东北、长江中下游、黄淮海和西藏的平均每 10 年降水量变化在 20.3～34.4 mm，降水变化率最高的是西南的 34.4 mm/10 a，其次为东北，而新疆、西北、内蒙古和华南降水量变化率较低，每 10 年降水量变化在 0.3～18.9 mm，其中降水变化最低的是新疆，为 0.3 mm/10 a，降水量几乎没有变化。从空间分布来说，就是沿着我国东北到西南这个地带的降水量会有明显增加，其他地区降水量变化不明显。

3.3.3 SSP5-8.5 情景下我国未来蒸发量变化

区域蒸发量与当地的的气温和降水量密切相关。本书采用 SSP5-8.5 情景下未来的逐月气温和降水预测值，利用所建立的我国 31 个省区的蒸发量与当地气温和降水量的经验关系，估算我国省区的月蒸发量进而得到各大区的年蒸发量。图 3-17 给出了九大区未来年蒸发量变化图。

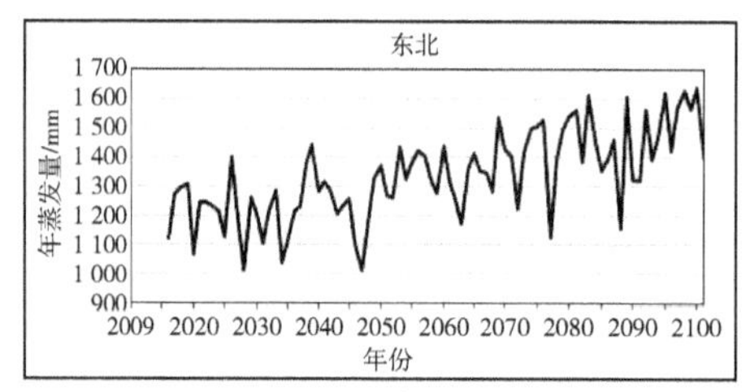

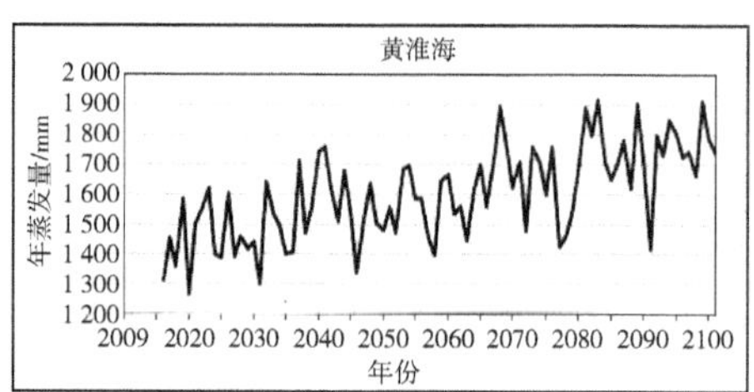

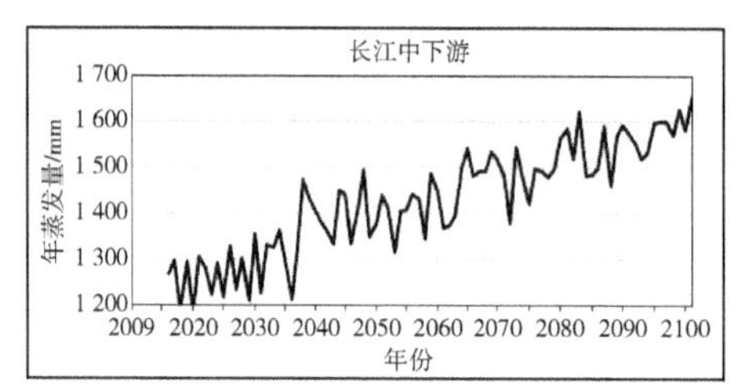

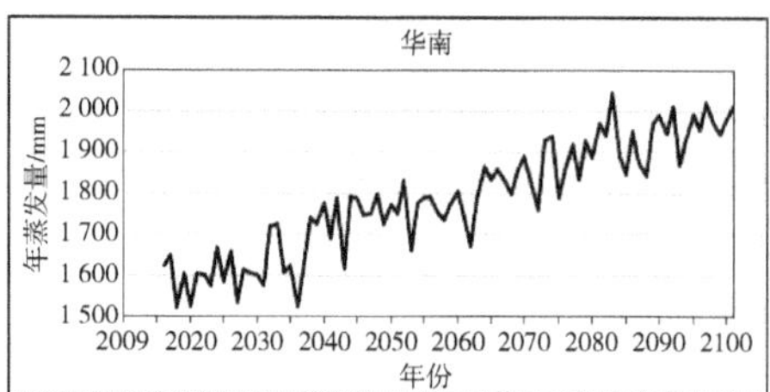

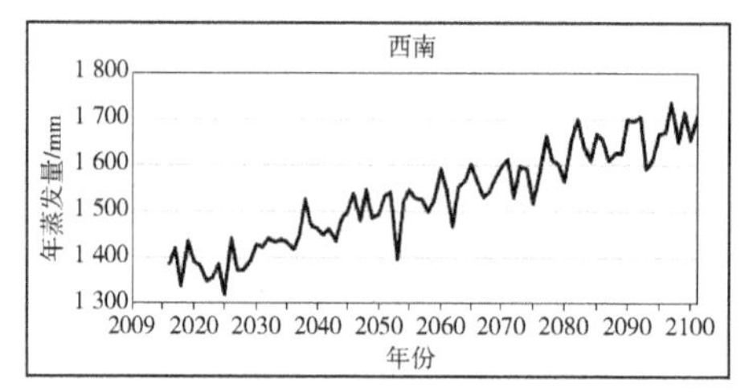

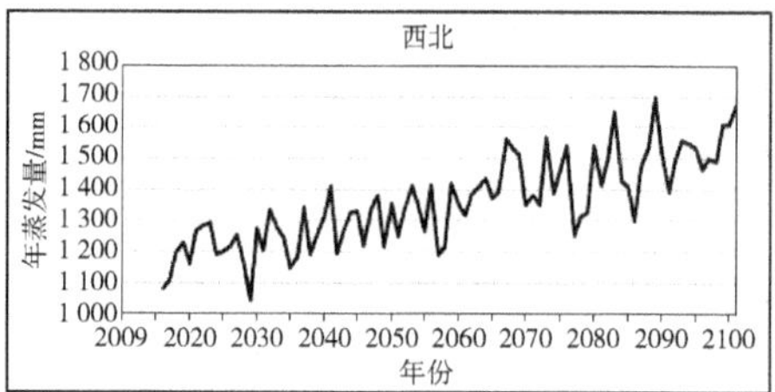

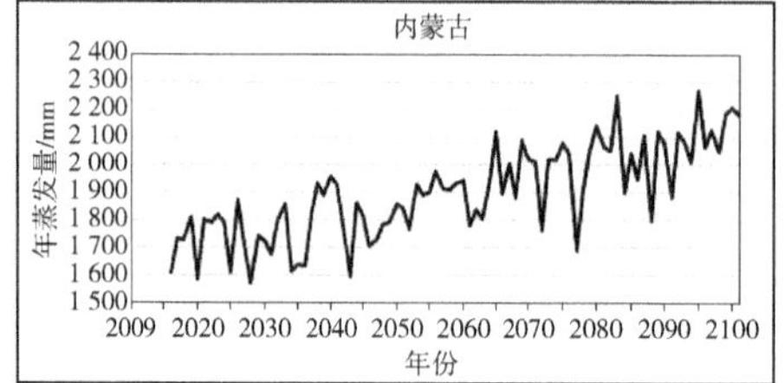

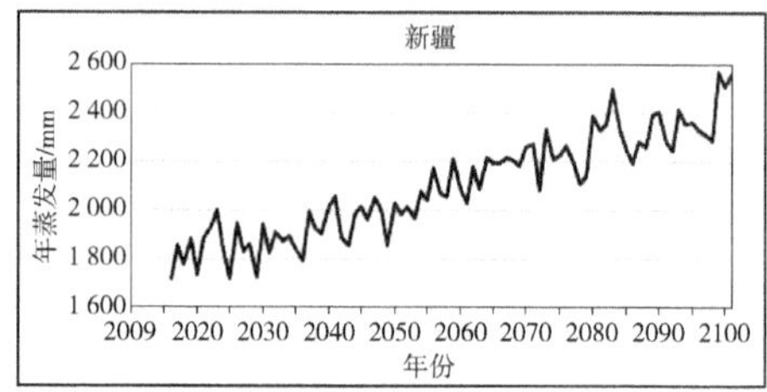

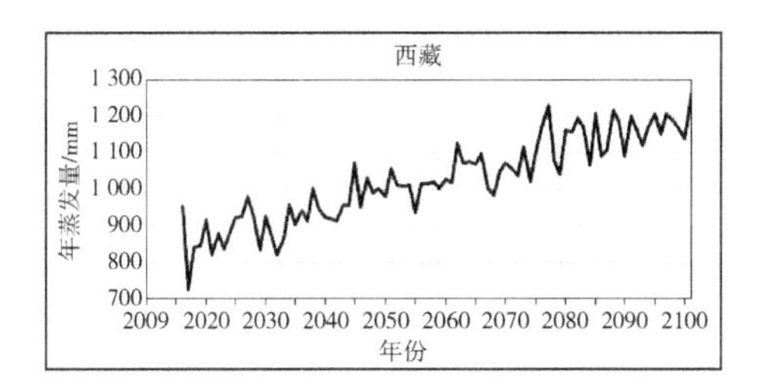

图 3-17 SSP5-8.5 情景下未来年蒸发量变化趋势

从图 3-17 可以看出，未来各大区的年蒸发量都呈现出明显增长趋势。经过分析计算，表 3-13 给出了我国九大区未来每 10 年年蒸发量情况。

表 3-13 SSP5-8.5 情景下未来每 10 年年蒸发量变化 单位：mm

年份	东北		黄淮海		长江中下游	
	年蒸发量	比前10年	年蒸发量	比前10年	年蒸发量	比前10年
2015—2020	1 220.5		1 414.2		1 255.9	
2021—2030	1 199.6	−20.9	1 458.5	44.4	1 266.1	10.2
2031—2040	1 251.9	52.3	1 573.1	114.5	1 355.3	89.2
2041—2050	1 225.1	−26.8	1 539.5	−33.6	1 399.2	43.9
2051—2060	1 359.5	134.4	1 573.9	34.5	1 406.4	7.1
2061—2070	1 355.2	−4.3	1 661.2	87.3	1 481.2	74.8
2071—2080	1 430.7	75.5	1 630.1	−31.1	1 493.0	11.8
2081—2090	1 407.6	−23.1	1 722.6	92.5	1 539.7	46.8
2091—2100	1 527.2	119.6	1 775.5	52.8	1 583.8	44.1
累计变化		306.8		361.3		327.9

年份	华南		西南		西北	
	年蒸发量	比前10年	年蒸发量	比前10年	年蒸发量	比前10年
2015—2020	1 589.9		1 392.5		1 174.4	
2021—2030	1 603.4	13.5	1 384.3	−8.2	1 214.2	39.9
2031—2040	1 677.2	73.9	1 451.6	67.3	1 270.7	56.5
2041—2050	1 753.7	76.5	1 496.4	44.7	1 289.7	19.0

续 表

年份	华南		西南		西北	
	年蒸发量	比前10年	年蒸发量	比前10年	年蒸发量	比前10年
2051—2060	1 766.4	12.7	1 522.0	25.6	1 327.2	37.6
2061—2070	1 822.0	55.6	1 561.2	39.2	1 434.5	107.2
2071—2080	1 882.1	60.1	1 591.1	29.9	1 417.2	−17.2
2081—2090	1 930.1	47.9	1 653.8	62.8	1 492.3	75.0
2091—2100	1 968.6	38.6	1 670.9	17.1	1 550.4	58.1
累计变化		378.7		278.4		376.0

年份	内蒙古		新疆		西藏	
	年蒸发量	比前10年	年蒸发量	比前10年	年蒸发量	比前10年
2015—2020	1 713.5		1 808.4		850.6	
2021—2030	1 732.0	18.5	1 860.8	52.4	898.5	48.0
2031—2040	1 808.9	76.9	1 920.8	59.9	919.4	20.8
2041—2050	1 777.9	−31.0	1 962.3	41.5	990.0	70.6
2051—2060	1 895.0	117.0	2072.2	109.9	1 005.9	15.9
2061—2070	1 963.3	68.3	2 200.7	128.5	1 059.4	53.5
2071—2080	1 980.8	17.5	2 229.0	28.3	1 111.5	52.0
2081—2090	2 019.8	39.0	2 326.4	97.5	1 152.7	41.3
2091—2100	2 130.5	110.7	2 396.9	70.5	1 176.7	24.0
累计变化		417.0		588.4		326.2

从表 3-13 来看，我国九个区未来年蒸发量增加趋势明显，分别增加了 278.4～588.4 mm。其中，新疆的年蒸发量变化最大，增加了 588.4 mm，变化第二大的为内蒙古，增加了 417.0 mm；蒸发量增加最少的是西南地区，为 278.4 mm，其次为东北的 306.8 mm。

下面给出了我国九个区未来每 10 年平均年蒸发量预测值图，见图 3-18。

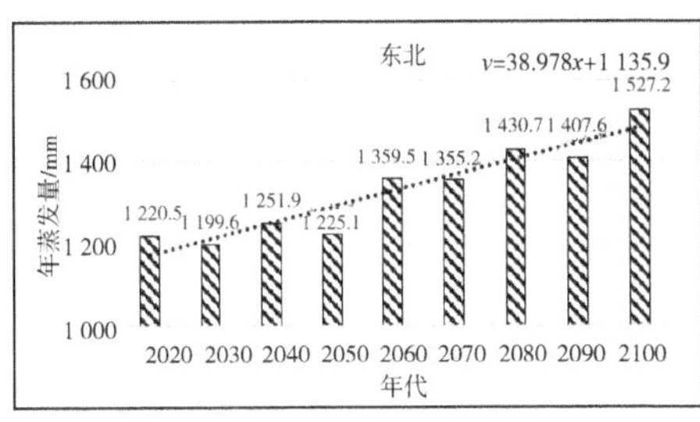

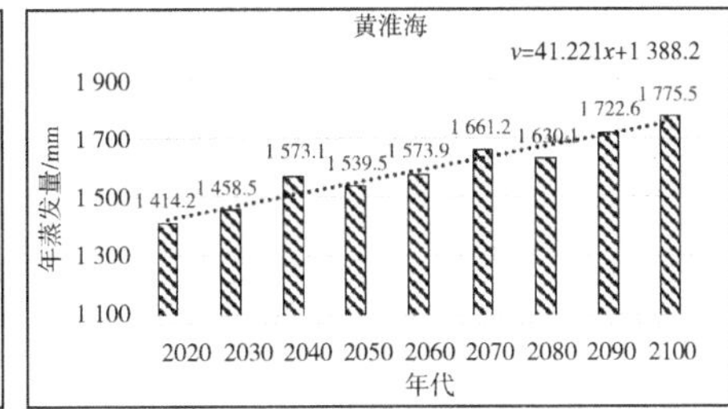

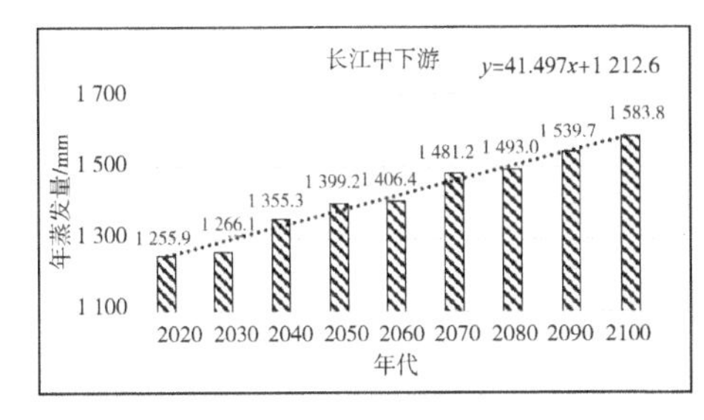

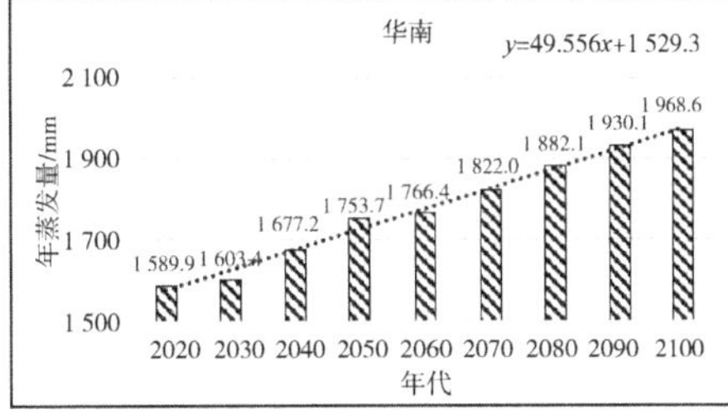

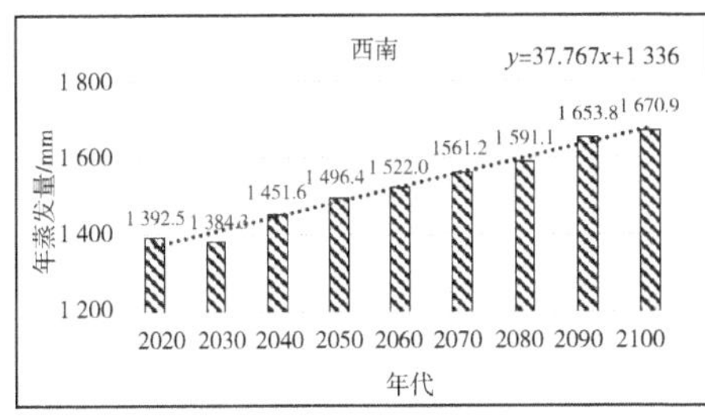

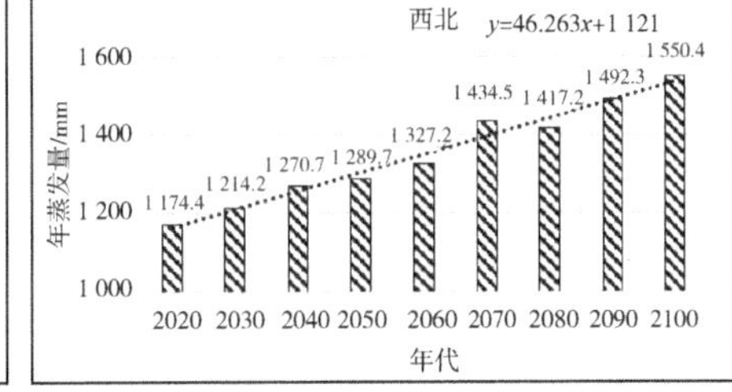

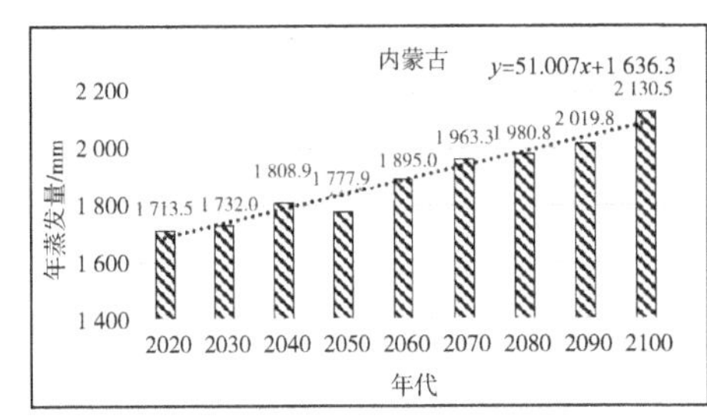

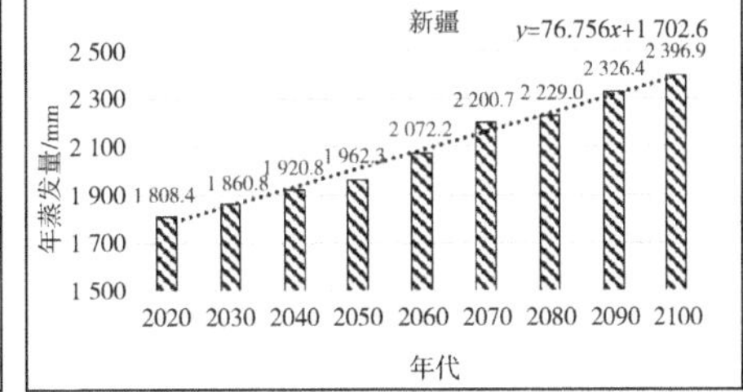

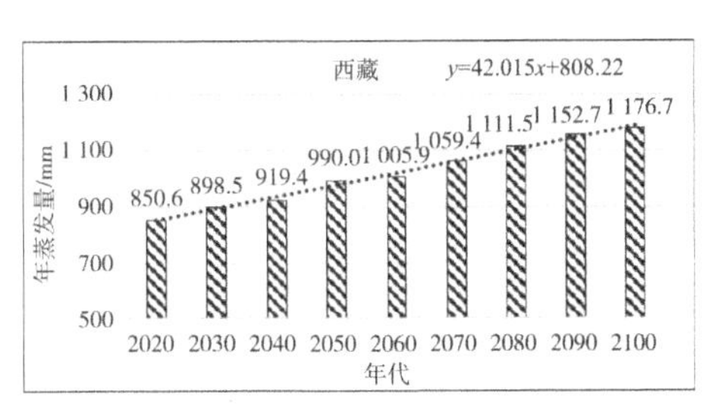

图 3-18　SSP5-8.5 情景下未来每 10 年年蒸发量预测

我国各大区现状、近期、中期、远期的年蒸发量变化见表 3-14。

表 3-14 SSP5-8.5 情景下未来不同时期年蒸发量变化 单位:mm

时期	年份	东北		黄淮海		长江中下游	
		年蒸发量	比前期	年蒸发量	比前期	年蒸发量	比前期
现状	2015—2020	1 220.5		1 414.2		1 255.9	
近期	2021—2040	1 225.8	5.3	1 515.8	101.6	1 310.7	54.8
中期	2041—2070	1 313.2	87.5	1 591.5	75.7	1 428.9	118.2
远期	2071—2100	1 455.2	141.9	1 709.4	117.9	1 538.8	109.9
累计变化			234.7		295.2		282.9
时期	年份	华南		西南		西北	
		年蒸发量	比前期	年蒸发量	比前期	年蒸发量	比前期
现状	2015—2020	1 589.9		1 392.5		1 174.4	
近期	2021—2040	1 640.3	50.4	1 417.9	25.5	1 242.5	68.1
中期	2041—2070	1 780.7	140.4	1 526.5	108.5	1 350.4	108.0
远期	2071—2100	1 926.9	146.2	1 638.6	112.1	1 486.6	136.2
累计变化			337.1		246.1		312.2
时期	年份	内蒙古		新疆		西藏	
		年蒸发量	比前期	年蒸发量	比前期	年蒸发量	比前期
现状	2015—2020	1 713.5		1 808.4		850.6	
近期	2021—2040	1 770.5	56.9	1 890.8	82.4	908.9	58.4
中期	2041—2070	1 878.7	108.3	2 078.4	187.6	1 018.4	109.5
远期	2071—2100	2043.7	165.0	2 317.4	239.0	1 147.0	128.5
累计变化			330.2		509.0		296.4

我国各大区未来蒸发变化率情况见图 3-19。

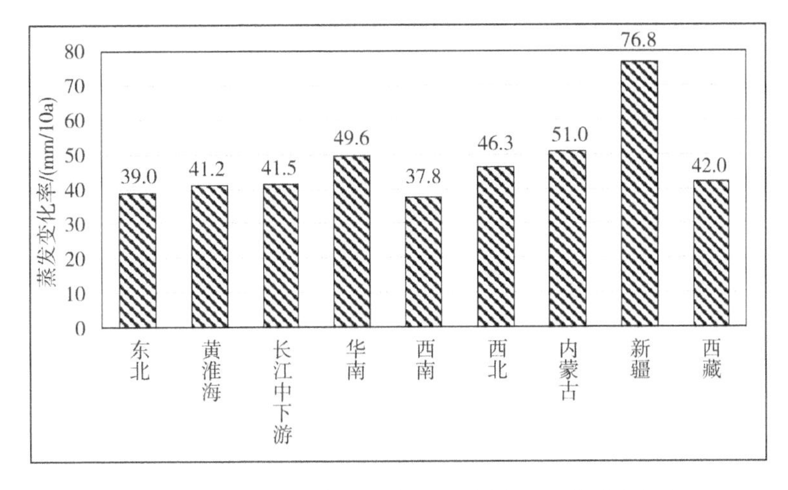

图 3-19　SSP5-8.5 情景下未来平均每 10 年蒸发变化率

从图 3-19 可以看出，在 SSP5-8.5 情景下，新疆的蒸发变化率最大，为 76.8 mm/10 a，内蒙古、华南、西北蒸发变化率在 50 mm/10 a 左右，其他区的蒸发变化率在 40 mm/10 a 左右。

第四章
气候变化情景下我国未来气象干旱特征及变化趋势

以未来气候变化对我国气象干旱影响研究为目标，以标准化降水蒸发指数作为气象干旱研究指标。根据我国干旱形成的自然背景、干旱特征及地域分布特点，将全国划分为东北、黄淮海、长江中下游、华南、西南、西北、内蒙古、新疆、西藏九大地域分区。

研究思路为：首先采用标准化降水蒸发指数对1980—2020年全国九大区降水蒸发特征进行分析；然后研究采用CMIP6的BCC-CSM2-MR模式输出的SSP2-4.5情景和SSP5-8.5情景下2015—2100年的逐月降水、气温、蒸发等系列结果，计算未来标准化降水蒸发指数及其变化，对比分析我国现状和未来（近、中、远期）气象干旱的特征，包括全国九大区域不同等级干旱的发生次数和频率变化。

4.1 SSP2-4.5情景下我国未来气象干旱特征分析

4.1.1 SSP2-4.5情景下我国未来气象干旱特征变化

对SSP2-4.5情景下我国未来气候变化的预测结果进行了计算和分析。根据未来标准化降水蒸发指数（*SPEI*）变化过程及气象干旱等级标准，东北、黄淮海、西北和内蒙古地区2021—2040年出现重旱以上年份的频率较大，华南和西南地区2041—2070年出现重旱以上年份的频率较大，长江中下游和新疆地区2071—2100年出现重旱以上年份的频率较大。全国九大区域SSP2-4.5情景下标准化降水蒸发指数（*SPEI*）变化过程图见图4-1。

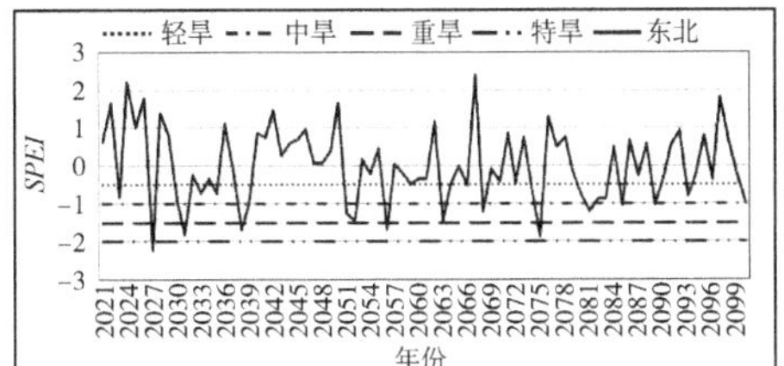

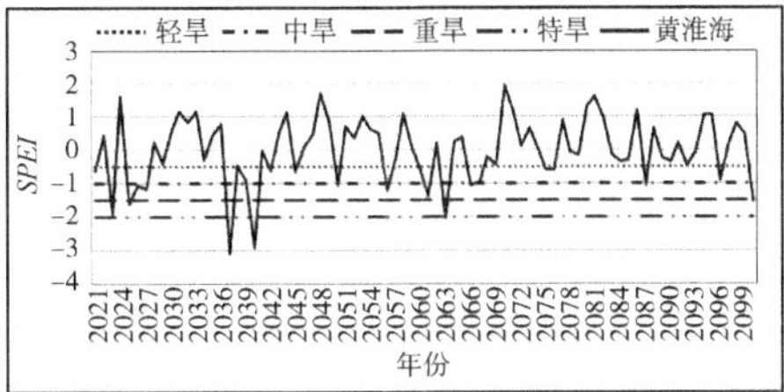

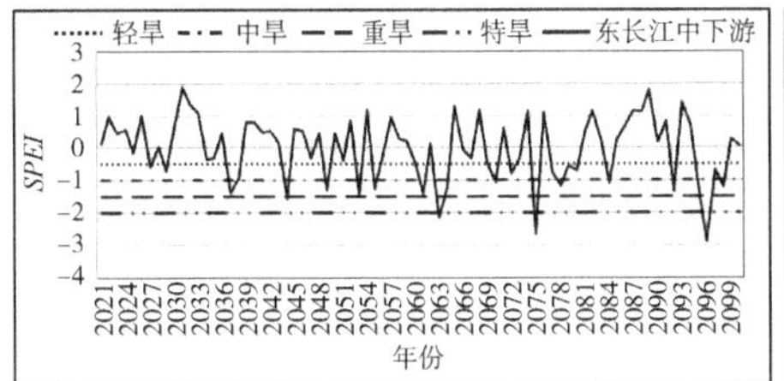

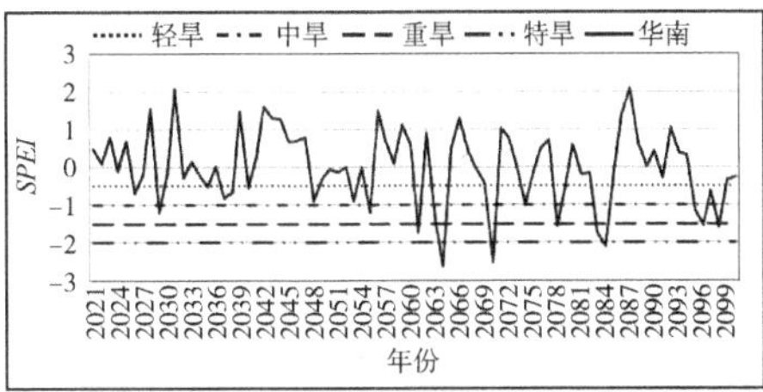

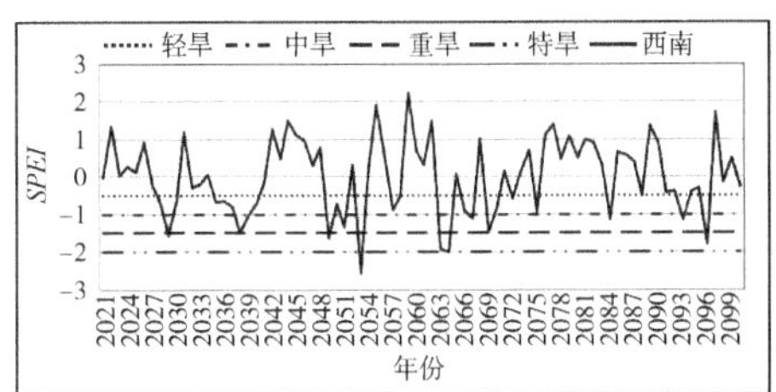

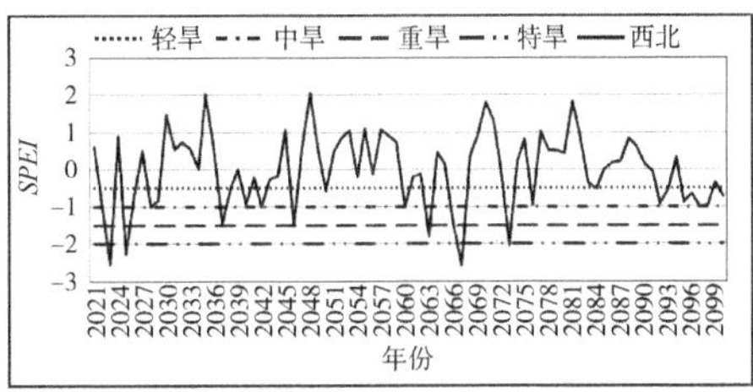

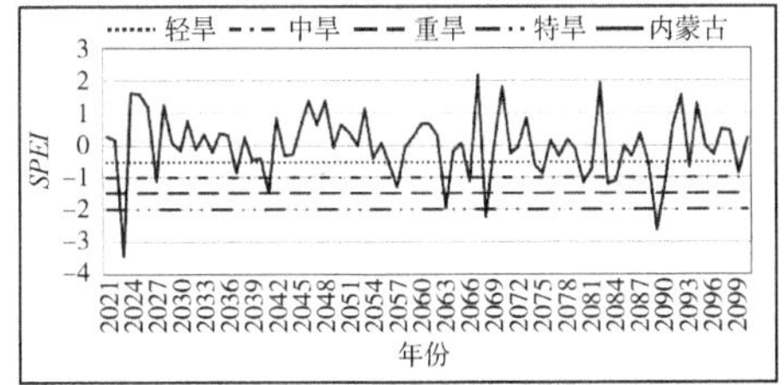

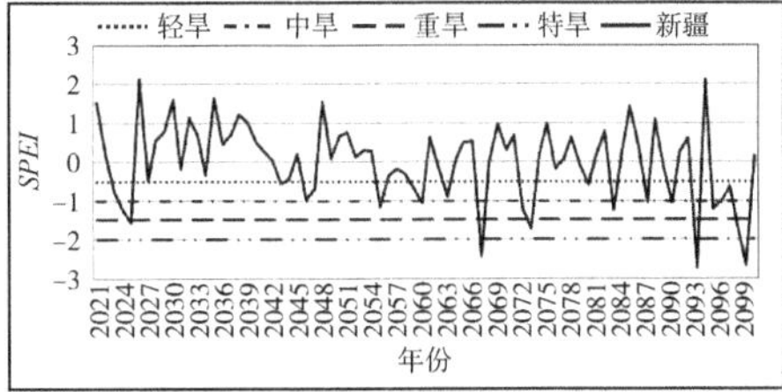

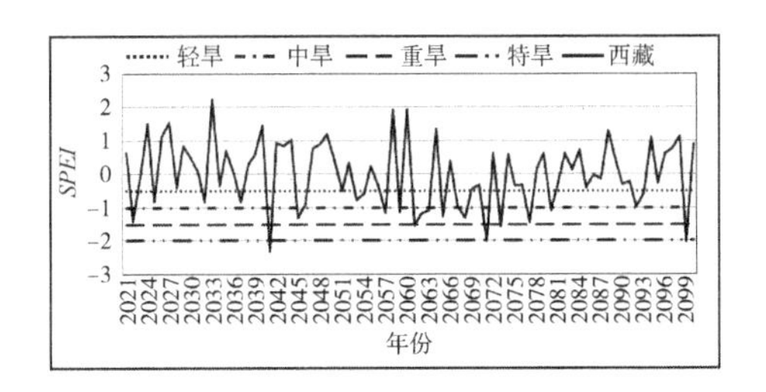

图 4-1　SSP2-4.5 情景下未来标准化降水蒸发指数(*SPEI*)变化过程图

对气候变化预测结果做进一步统计分析，可知在未来我国不同等级气象干旱发生的次数和频率，见表 4-1。

表 4-1　SSP2-4.5 情景下未来气象干旱发生次数和频率

研究区	轻旱		中旱		重旱		特旱		气象干旱累计	
	次数	频率/%	次数	频率/%	次数	频率/%	次数	频率/%	总次数	频率/%
东北	12	15.0	8	10.0	4	5.0	1	1.3	25	31.3
黄淮海	9	11.3	7	8.8	3	3.8	3	3.8	22	27.5
长江中下游	8	10.0	12	15.0	1	1.3	3	3.8	24	30.0
华南	9	11.3	5	6.3	5	6.3	3	3.8	22	27.5
西南	14	17.5	7	8.8	5	6.3	1	1.3	27	33.8
西北	17	21.3	4	5.0	1	1.3	4	5.0	26	32.5
内蒙古	8	10.0	8	10.0	1	1.3	3	3.8	20	25.0
新疆	9	11.3	8	10.0	3	3.8	3	3.8	23	28.8
西藏	9	11.3	10	12.5	2	2.5	3	3.8	24	30.0

可以看出，在 SSP2-4.5 情景下，我国未来（2021—2100 年）的 80 年间，西南地区发生气象干旱的频率最大，为 33.8%，其次是西北，为 32.5%。全国九大区域发生不同等级气象干旱频率对比见图 4-2。

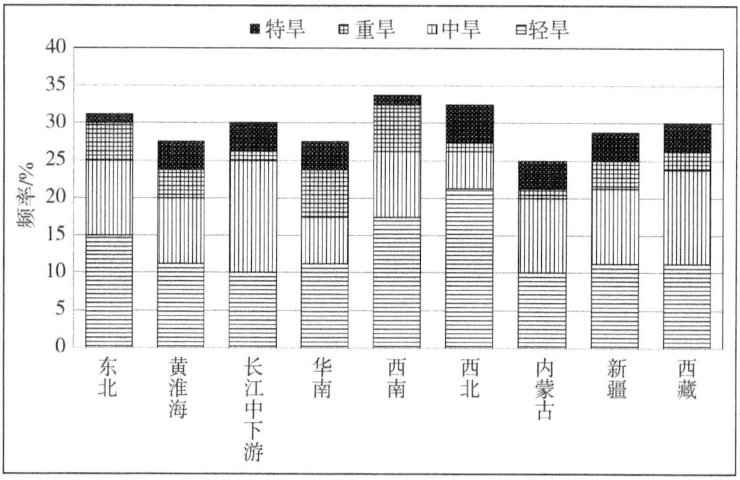

图 4-2　SSP2-4.5 情景下未来气象干旱发生频率对比

4.1.2　SSP2-4.5 情景下我国未来不同时期气象干旱的变化趋势

对比标准化指数的等级划分标准可知，当标准化降水蒸发指数增加时，气象干旱现象会减轻，当标准化降水蒸发指数大于－0.5时，说明没有气象干旱发生。

在SSP2-4.5情景下，在未来80年时间内有2个区的标准化降水蒸发指数变化呈增长趋势，分别为黄淮海地区和西南地区，其余7个区的标准化降水蒸发指数变化呈减少趋势。SSP2-4.5情景下未来每10年全国九大区域标准化降水蒸发指数值及其变化见表4-2。SSP2-4.5情景下未来每10年标准化降水蒸发指数变化趋势图见图4-3。

表4-2　SP22-4.5情景下未来每10年标准化降水蒸发指数(*SPEI*)预测值

年份	东北		黄淮海		长江中下游	
	SPEI	比前10年	*SPEI*	比前10年	*SPEI*	比前10年
2011—2020	0.00		0.09		－0.09	
2021—2030	0.55	0.55	－0.39	－0.48	0.24	0.33
2031—2040	－0.47	－1.02	－0.34	0.05	0.35	0.11
2041—2050	0.69	1.16	0.24	0.58	0.01	－0.35
2051—2060	－0.50	－1.19	0.23	－0.01	－0.02	－0.03
2061—2070	－0.10	0.41	－0.33	－0.56	－0.40	－0.38
2071—2080	0.01	0.11	0.29	0.62	－0.40	0.00
2081—2090	－0.40	－0.41	0.21	－0.08	0.61	1.02
2091—2100	0.21	0.61	0.08	－0.12	－0.39	－1.00
累计变化		0.21		－0.01		－0.30

年份	华南		西南		西北	
	SPEI	比前10年	*SPEI*	比前10年	*SPEI*	比前10年
2011—2020	－0.03		－0.26		0.15	
2021—2030	0.13	0.16	－0.04	0.22	－0.47	－0.62
2031—2040	0.06	－0.06	－0.47	－0.43	0.16	0.63
2041—2050	0.54	0.48	0.39	0.86	0.06	－0.10
2051—2060	0.18	－0.36	0.05	－0.35	0.49	0.43
2061—2070	－0.56	－0.74	－0.53	－0.57	－0.24	－0.73
2071—2080	0.03	0.59	0.41	0.94	0.18	0.43

续　表

年份	华南		西南		西北	
	SPEI	比前10年	*SPEI*	比前10年	*SPEI*	比前10年
2081—2090	0.03	0.00	0.45	0.04	0.39	0.21
2091—2100	−0.40	−0.43	−0.26	−0.72	−0.57	−0.96
累计变化		−0.37		0.00		−0.72

年份	内蒙古		新疆		西藏	
	SPEI	比前10年	*SPEI*	比前10年	*SPEI*	比前10年
2011—2020	−0.22		0.31		−0.06	
2021—2030	0.15	0.37	0.28	−0.03	0.35	0.41
2031—2040	0.00	−0.15	0.69	0.41	0.34	−0.01
2041—2050	0.34	0.34	0.02	−0.67	0.15	−0.19
2051—2060	0.03	−0.31	−0.22	−0.24	0.00	−0.15
2061—2070	−0.04	−0.07	−0.04	0.18	−0.63	−0.63
2071—2080	−0.21	−0.17	−0.11	−0.07	−0.47	0.16
2081—2090	−0.54	−0.33	0.07	0.19	0.22	0.69
2091—2100	0.29	0.84	−0.68	−0.75	0.04	−0.18
累计变化		0.51		−0.99		0.10

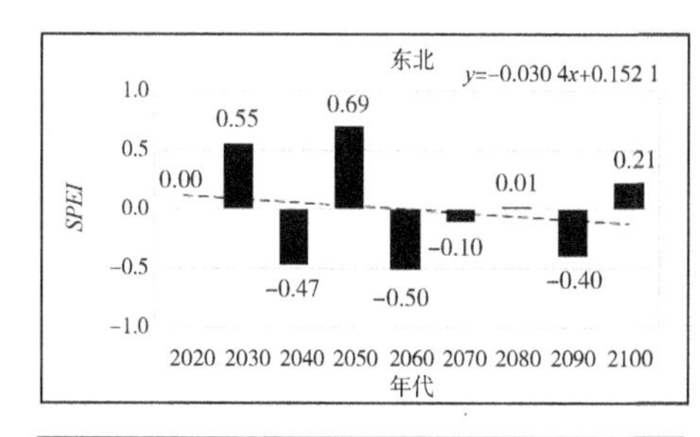

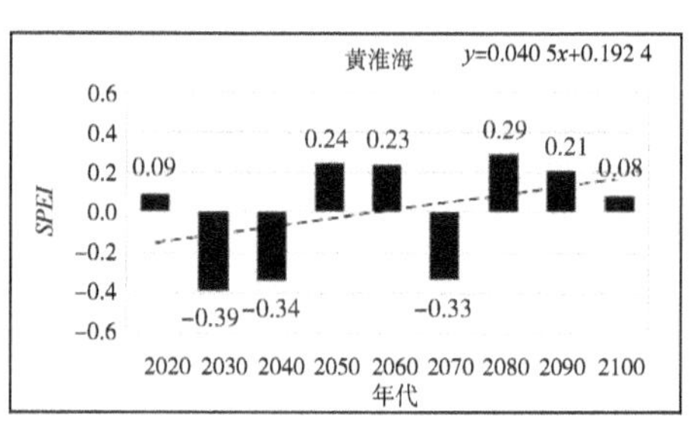

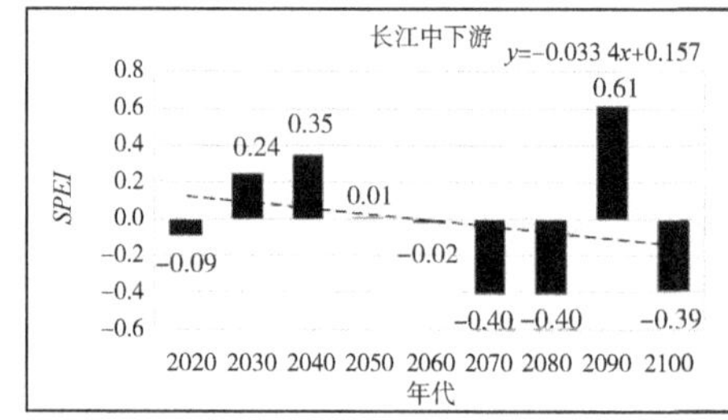

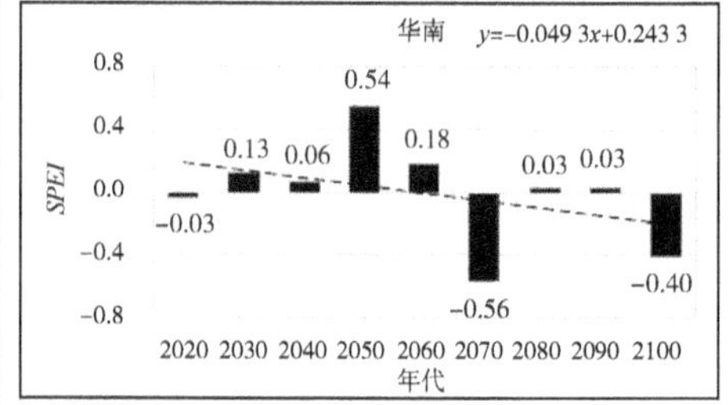

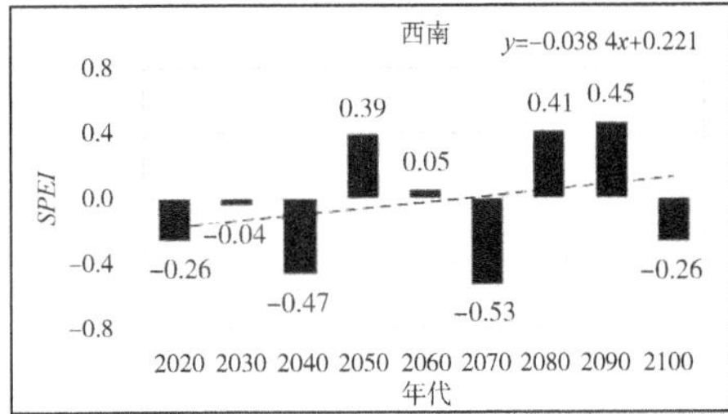

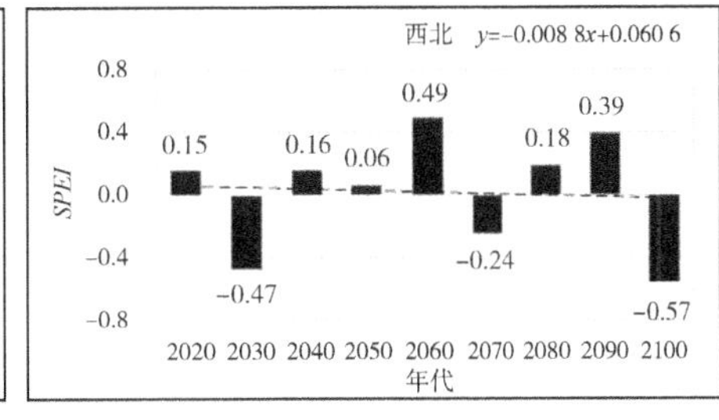

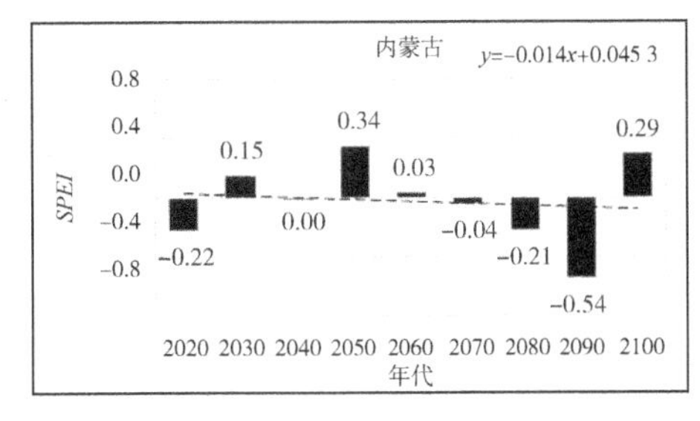

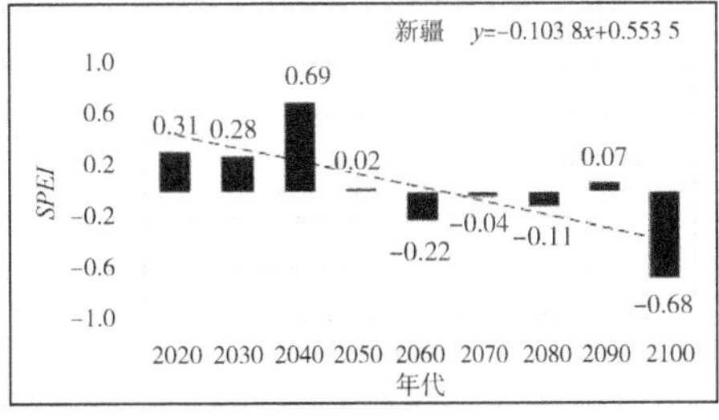

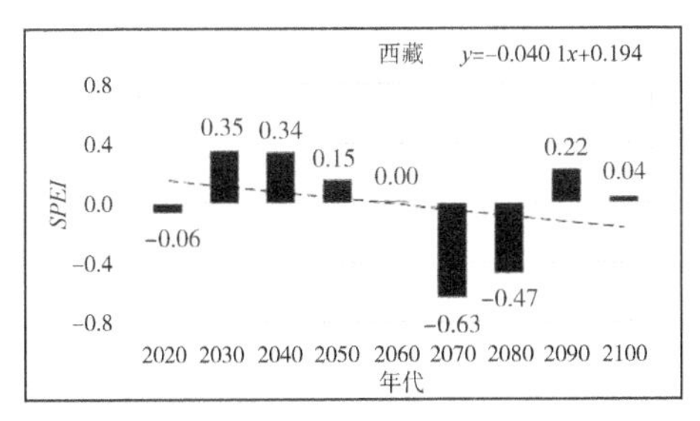

图 4-3　SSP2-4.5 情景下未来每 10 年标准化降水蒸发指数(*SPEI*)变化趋势

再从未来的近期(2021—2040 年)、中期(2041—2070 年)和远期(2071—2100 年)来看我国九大区域的标准化降水蒸发指数变化,见表 4-3。

表 4-3　SSP2-4.5 情景下未来不同时期标准化降水蒸发指数(*SPEI*)的变化情况

时期	年份	东北		黄淮海		长江中下游	
		SPEI	比前期	*SPEI*	比前期	*SPEI*	比前期
现状	2011—2020	0.00		0.09		−0.09	
近期	2021—2040	0.04	0.04	−0.36	−0.45	0.30	0.39
中期	2041—2070	0.03	−0.01	0.05	0.41	−0.14	−0.44
远期	2071—2100	−0.06	−0.09	0.19	0.14	−0.06	0.08
累计变化			−0.06		0.10		0.03

续 表

时期	年份	华南		西南		西北	
		SPEI	比前期	*SPEI*	比前期	*SPEI*	比前期
现状	2011—2020	−0.03		−0.26		0.15	
近期	2021—2040	0.10	0.13	−0.25	0.01	−0.16	−0.31
中期	2041—2070	−0.03	−0.13	−0.03	0.22	0.10	0.26
远期	2071—2100	0.20	0.23	0.20	0.23	0.00	−0.10
累计变化			0.23		0.46		−0.15
时期	年份	内蒙古		新疆		西藏	
		SPEI	比前期	*SPEI*	比前期	*SPEI*	比前期
现状	2011—2020	−0.22		0.31		−0.06	
近期	2021—2040	0.07	0.29	0.48	0.17	0.35	0.41
中期	2041—2070	0.11	0.03	−0.08	−0.57	−0.16	−0.51
远期	2071—2100	−0.16	−0.26	−0.24	−0.16	−0.07	0.09
累计变化			0.06		−0.55		−0.01

从表4-3可知，在SSP2-4.5情景下，到2100年，标准化降水蒸发指数变化量较小的是西藏和长江中下游地区，变化值分别为−0.01和0.03，说明这两个区的气象干旱现象基本与现状持平；新疆标准化降水蒸发指数变化量为−0.55，说明气象干旱现象会有明显的加重；而其他区的标准化降水蒸发指数变化值在0.06～0.46之间，说明这些区的气象干旱会有减轻的趋势。由此，可以诊断出在SSP2-4.5情景下，未来气候变化对我国气象干旱有一定的影响。

4.2 SSP5-8.5情景下我国未来气象干旱特征分析

4.2.1 SSP5-8.5情景下我国未来气象干旱特征变化

对SSP5-8.5情景下我国未来气候变化的预测结果进行了计算和分析。根据未来标准化降水蒸发指数（*SPEI*）变化过程及气象干旱等级标准，东北、黄淮海、长江中下游和内蒙古地区2021—2040年出现重旱以上年份的频率较大，西藏地区2041—2070年出现重旱以上年份的频率较大，华南、西南、西北和新疆地区2071—2100年出现重旱以上年份的频率较大。全国九大区域SSP5-8.5情景下标准化降水蒸发指数(*SPEI*)变化过程图见图 4-4。

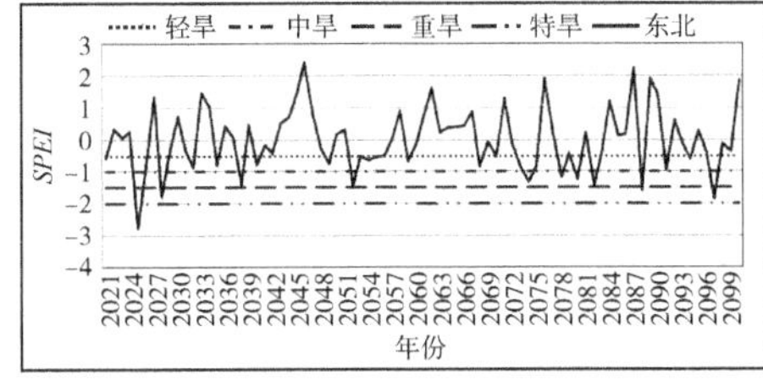

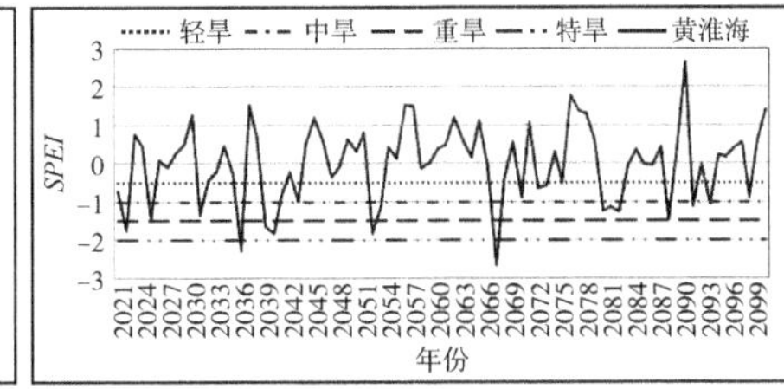

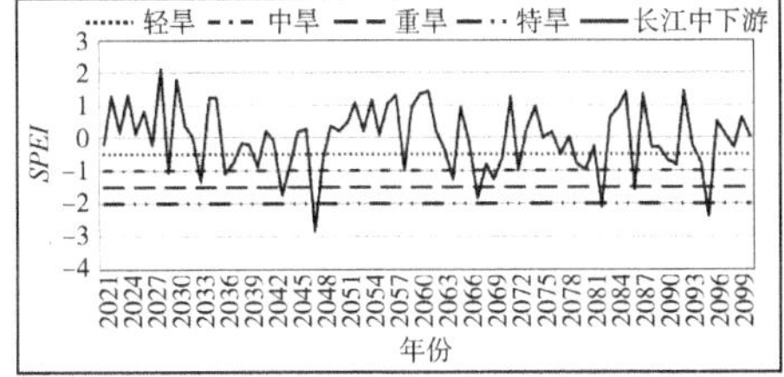

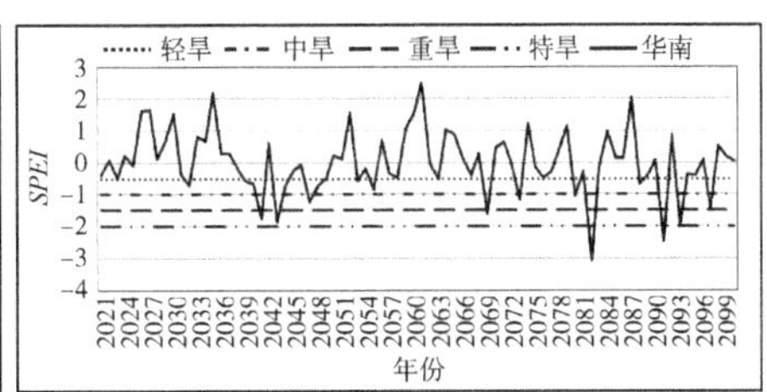

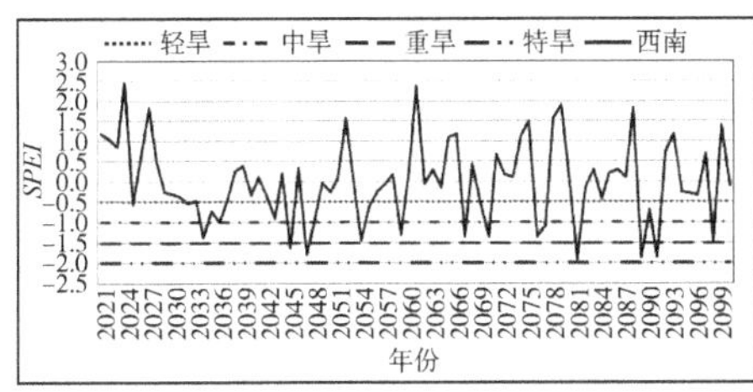

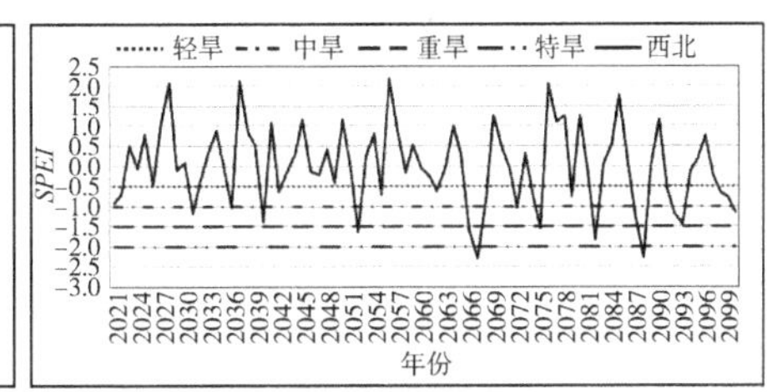

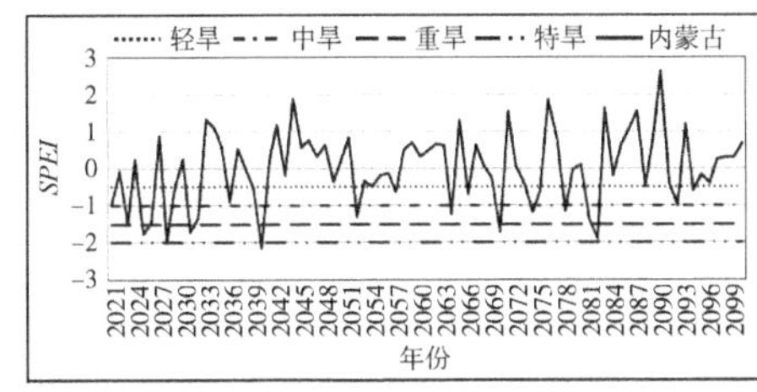

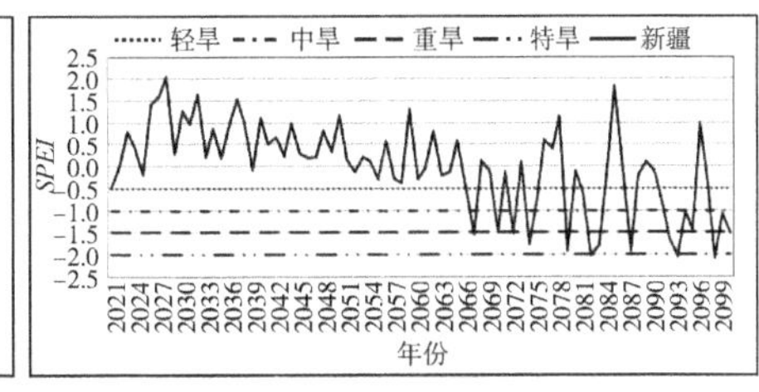

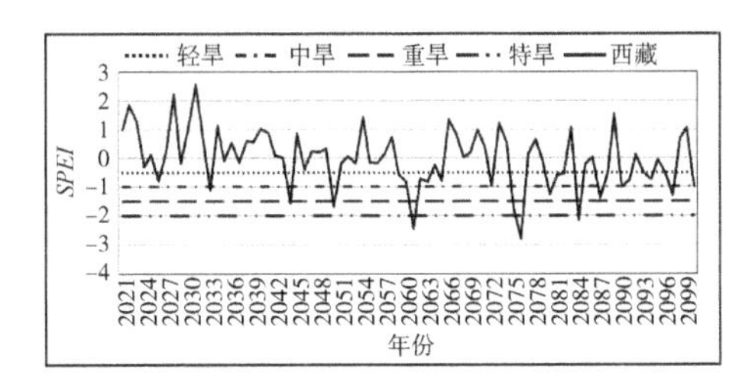

图 4-4　SSP5-8.5 情景下未来标准化技术蒸发指数(*SPEI*)变化过程图

对气候变化预测结果做进一步统计分析，可知在未来 SSP5-8.5 情景下我国不同等级气象干旱发生的次数和频率，见表 4-4。

表 4-4　SSP5-8.5 情景下未来气象干旱年发生次数和频率

研究区	轻旱		中旱		重旱		特旱		气象干旱累计	
	次数	频率/%	次数	频率/%	次数	频率/%	次数	频率/%	总次数	频率/%
东北	16	20.0	6	7.5	3	3.8	1	1.3	26	32.5
黄淮海	8	10.0	9	11.3	4	5.0	2	2.5	23	28.8
长江中下游	13	16.3	5	6.3	3	3.8	3	3.8	24	30.0
华南	10	12.5	4	5.0	4	5.0	2	2.5	20	25.0
西南	8	10.0	9	11.3	5	6.3	0	0.0	22	27.5
西北	11	13.8	8	10.0	4	5.0	2	2.5	25	31.3
内蒙古	11	13.8	7	8.8	6	7.5	1	1.3	25	31.3
新疆	4	5.0	3	3.8	8	10.0	3	3.8	18	22.5
西藏	15	18.8	4	5.0	3	3.8	3	3.8	25	31.3

可以看出，在 SSP5-8.5 情景下，我国未来（2021—2100 年）的 80 年中，东北地区发生气象干旱的频率最大，为 32.5%，其次为西北和内蒙古，发生气象干旱的频率为 31.3%。全国九大区域 SSP5-8.5 情景下发生不同等级气象干旱频率对比见图 4-5。

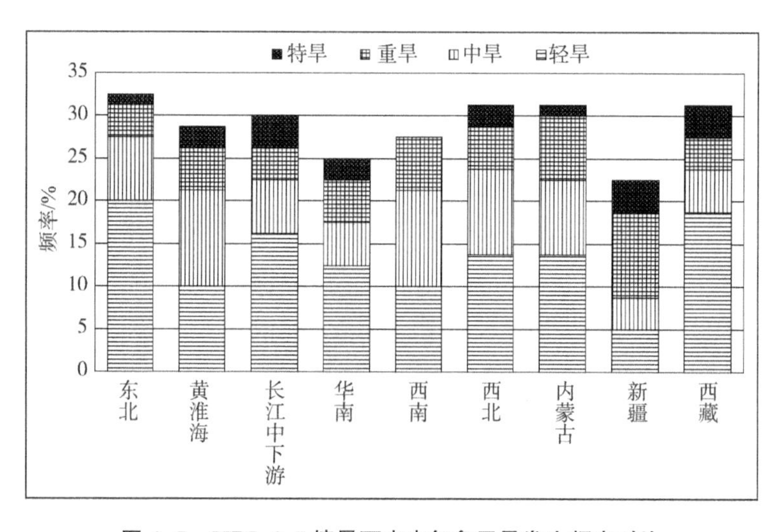

图 4-5　SSP5-8.5 情景下未来气象干旱发生频率对比

4.2.2 SSP5-8.5 情景下我国未来不同时期气象干旱的变化趋势

对比标准化指数的等级划分标准可知，当标准化降水蒸发指数增加时，气象干旱现象会减轻，当标准化降水蒸发指数大于－0.5 时，说明没有气象干旱发生。

在 SSP5-8.5 情景下，在未来 80 年时间内有 4 个区的标准化降水蒸发指数变化呈增长趋势，分别为东北、黄淮海、内蒙古和西南地区，其余 5 个区的标准化降水蒸发指数变化呈减少趋势。SSP5-8.5 情景下未来每 10 年全国九大区域标准化降水蒸发指数值及其变化见表 4-5。SSP5-8.5 情景下未来每 10 年标准化降水蒸发指数变化趋势见图 4-6。

表 4-5 SSP5-8.5 情景下未来每 10 年标准化降水蒸发指数(*SPEI*)预测值

年份	东北		黄淮海		长江中下游	
	SPEI	比前 10 年	*SPEI*	比前 10 年	*SPEI*	比前 10 年
2011—2020	0.00		0.09		－0.09	
2021—2030	－0.35	－0.35	－0.08	－0.17	0.61	0.70
2031—2040	－0.07	0.29	－0.53	－0.46	－0.15	－0.76
2041—2050	0.44	0.51	0.08	0.61	－0.47	－0.33
2051—2060	－0.31	－0.76	0.17	0.09	0.67	1.14
2061—2070	0.33	0.64	0.01	－0.16	－0.36	－1.04
2071—2080	－0.25	－0.58	0.34	0.34	－0.04	0.32
2081—2090	0.38	0.63	－0.02	－0.36	－0.08	－0.04
2091—2100	－0.17	－0.55	0.03	0.05	－0.17	－0.09
累计变化		－0.17		－0.06		－0.08

年份	华南		西南		西北	
	SPEI	比前 10 年	*SPEI*	比前 10 年	*SPEI*	比前 10 年
2011—2020	－0.03		－0.26		0.15	
2021—2030	0.49	0.52	0.74	1.00	0.23	0.08
2031—2040	0.17	－0.32	－0.46	－1.20	0.08	－0.15
2041—2050	－0.62	－0.79	－0.53	－0.07	0.25	0.18

续 表

年份	华南		西南		西北	
	SPEI	比前10年	SPEI	比前10年	SPEI	比前10年
2051—2060	0.26	0.88	−0.15	0.38	0.20	−0.05
2061—2070	0.28	0.02	0.19	0.35	−0.26	−0.46
2071—2080	0.04	−0.24	0.46	0.27	0.18	0.44
2081—2090	−0.12	−0.16	−0.23	−0.69	−0.17	−0.36
2091—2100	−0.49	−0.36	−0.03	0.20	−0.51	−0.34
累计变化		−0.46		0.23		−0.66

年份	内蒙古		新疆		西藏	
	SPEI	比前10年	SPEI	比前10年	SPEI	比前10年
2011—2020	−0.22		0.31		−0.06	
2021—2030	−0.69	−0.47	0.72	0.41	0.65	0.71
2031—2040	−0.31	0.38	0.84	0.13	0.59	−0.07
2041—2050	0.52	0.83	0.55	−0.30	−0.09	−0.68
2051—2060	−0.08	−0.60	0.10	−0.44	0.04	0.13
2061—2070	−0.02	0.06	−0.24	−0.35	−0.16	−0.21
2071—2080	0.11	0.12	−0.40	−0.16	−0.38	−0.22
2081—2090	0.45	0.34	−0.47	−0.07	−0.36	0.02
2091—2100	0.01	−0.43	−1.10	−0.63	−0.29	0.07
累计变化		0.23		−1.41		−0.23

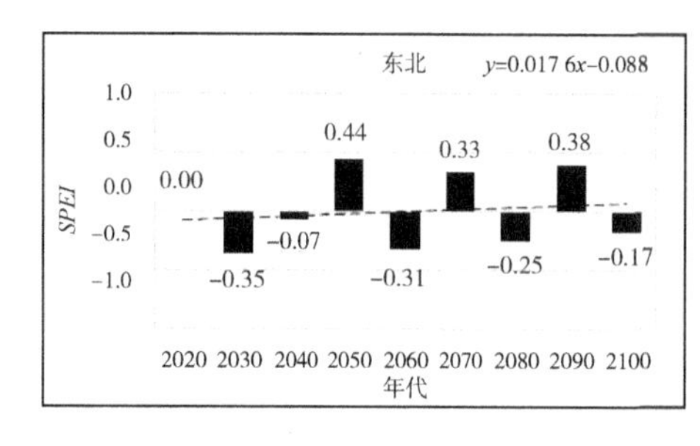

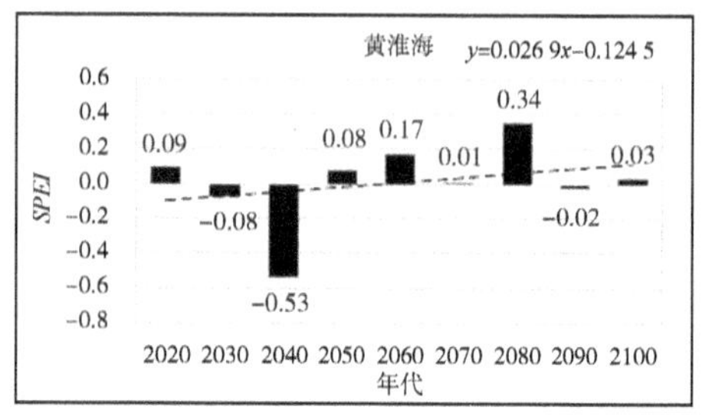

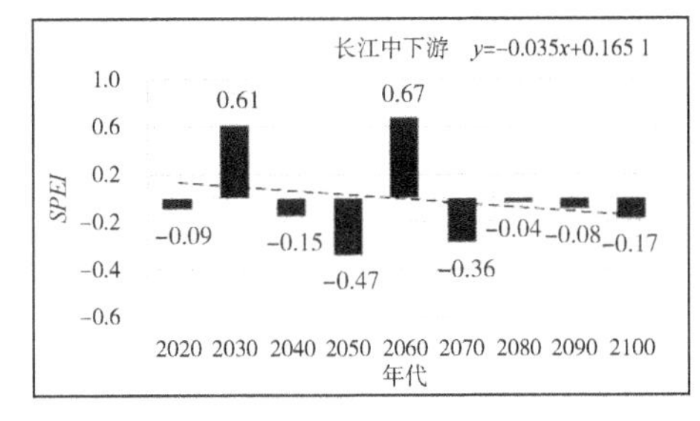

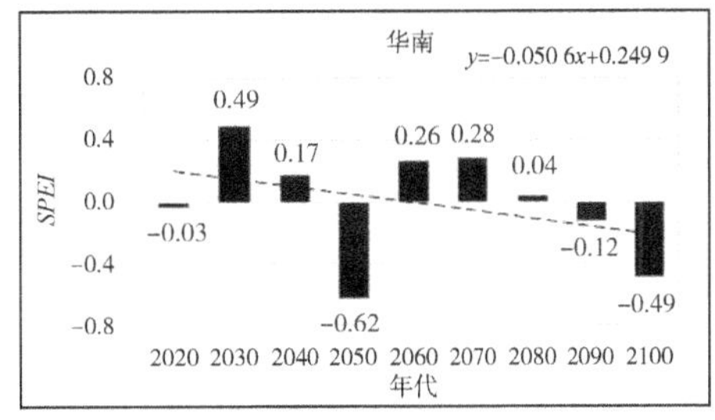

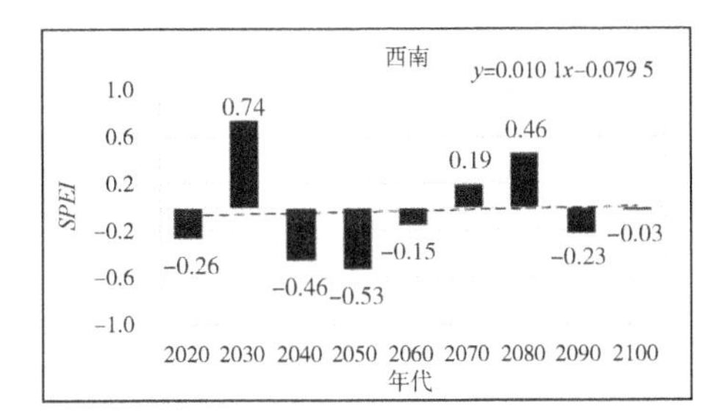

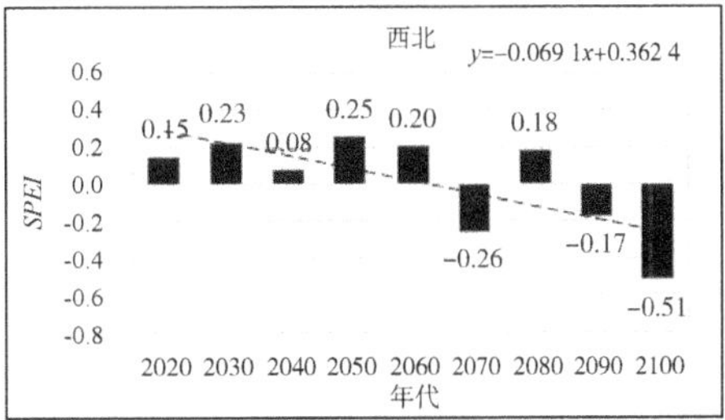

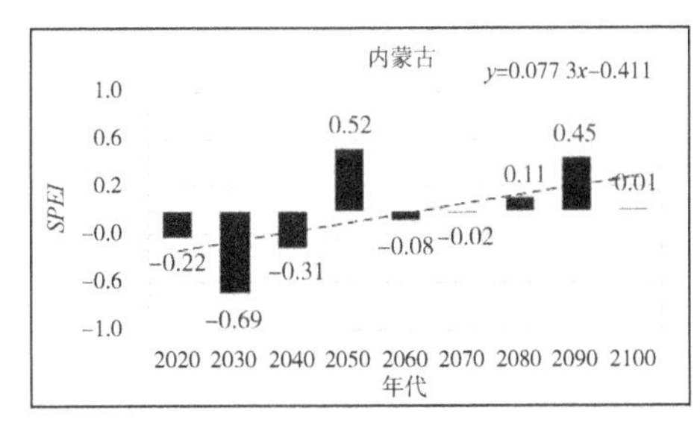

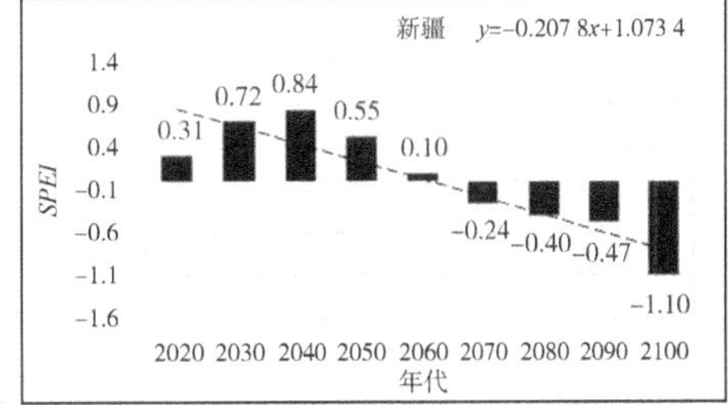

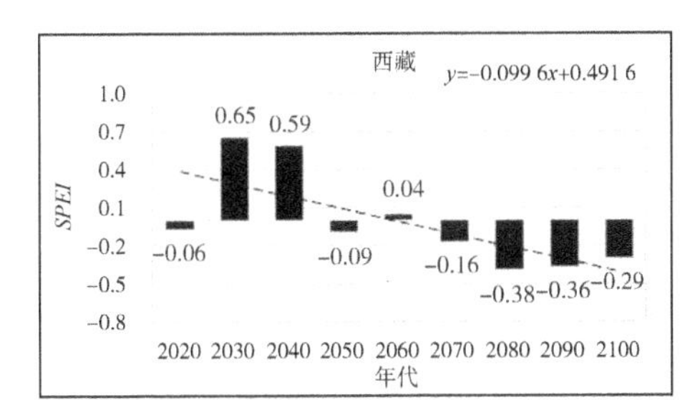

图 4-6　SSP5-8.5 情景下未来每 10 年标准化降水蒸发指数(*SPEI*)变化趋势

再从未来的近期(2021—2040 年)、中期(2041—2070 年)和远期(2071—2100 年)来看我国 SSP5-8.5 情景下标准化降水蒸发指数变化，见表 4-6。

表 4-6　SSP5-8.5 情景下未来不同时期标准化降水蒸发指数(*SPEI*)的变化情况

时期	年份	东北		黄淮海		长江中下游	
		SPEI	比前期	*SPEI*	比前期	*SPEI*	比前期
现状	2011—2020	0.00		0.09		−0.09	
近期	2021—2040	−0.21	−0.21	−0.30	−0.39	0.23	0.32
中期	2041—2070	0.15	0.36	0.08	0.39	−0.06	−0.29
远期	2071—2100	−0.01	−0.16	0.12	0.03	−0.10	−0.04
累计变化			−0.01		0.03		−0.01
时期	年份	华南		西南		西北	
		SPEI	比前期	*SPEI*	比前期	*SPEI*	比前期
现状	2011—2020	−0.03		−0.26		0.15	
近期	2021—2040	0.33	0.36	0.14	0.40	0.15	0.00
中期	2041—2070	−0.16	−0.49	−0.16	−0.30	0.07	−0.08
远期	2071—2100	0.07	0.23	0.07	0.23	−0.17	−0.24
累计变化			0.10		0.33		−0.32
时期	年份	内蒙古		新疆		西藏	
		SPEI	比前期	*SPEI*	比前期	*SPEI*	比前期
现状	2011—2020	−0.22		0.31		−0.06	
近期	2021—2040	−0.50	−0.28	0.78	0.47	0.62	0.68
中期	2041—2070	0.14	0.64	0.14	−0.64	−0.07	−0.69
远期	2071—2100	0.19	0.05	−0.66	−0.79	−0.34	−0.28
累计变化			0.41		−0.97		−0.28

从表 4-6 可知，在 SSP5-8.5 情景下，到 2100 年，标准化降水蒸发指数变化量较小的是东北、长江中下游和黄淮海地区，变化值分别为−0.01 和 0.03，说明这 3 个区的气象干旱现象基本与现状持平；新疆标准化降水蒸发指数变化量−0.97，说明气象干旱现象会有明显的加重；西北、西藏地区标准化降水蒸发指数变化值为−0.32、−0.28 之间，说明这两个地区的气象干旱会有加重的趋势。

华南、西南和内蒙古地区标准化降水蒸发指数变化值在0.10～0.41之间，说明这些区的气象干旱会有减轻的趋势。由此，可以诊断出在SSP5-8.5情景下，未来气候变化对我国气象干旱有明显的影响。

4.3 气候变化对我国未来气象干旱的影响

4.3.1 我国未来标准化降水蒸发指数的变化

近期(2021—2040年)的两个情景下，东北、黄淮海和内蒙古地区标准化降水蒸发指数呈减少趋势。中期(2041—2070年)的两个情景下，长江中下游、西南、新疆和西藏地区标准化降水蒸发指数呈减少趋势。远期(2071—2100年)的SSP2-4.5情景下，黄淮海和西南地区标准化降水蒸发指数呈增加趋势，其他地区标准化降水蒸发指数呈减少趋势；远期(2071—2100年)的SSP5-8.5情景下，黄淮海、西南和内蒙古地区标准化降水蒸发指数呈增加趋势，其他地区标准化降水蒸发指数呈减少趋势。标准化降水蒸发指数的减少，说明未来气候变化影响可能使区域气象干旱现象比现状加重；降水蒸发指数的增加，说明未来气候变化将可能使区域气象干旱现象比现状减轻。从前面对两种未来气候变化情景下的标准化降水蒸发指数变化的分析结果来看，虽然未来标准化降水蒸发指数的变化幅度较小，但是仍会对我国未来气象干旱程度造成一定的影响。未来两种气候变化情景下九大区域的降水蒸发指数变化情况见图4-7。

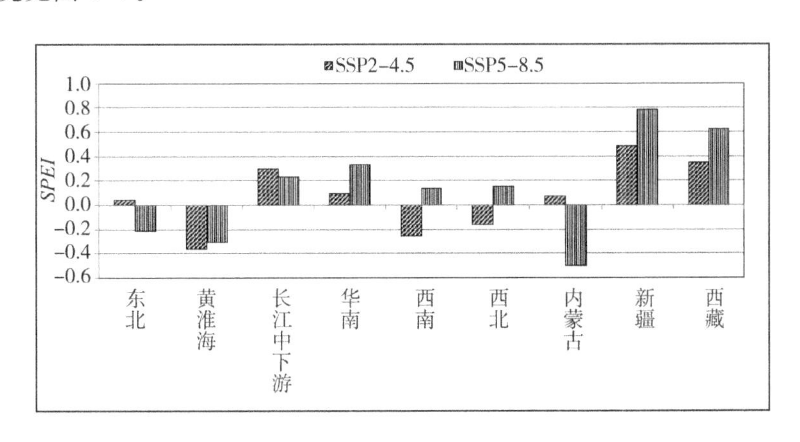

(a) 近期(2021—2040年)

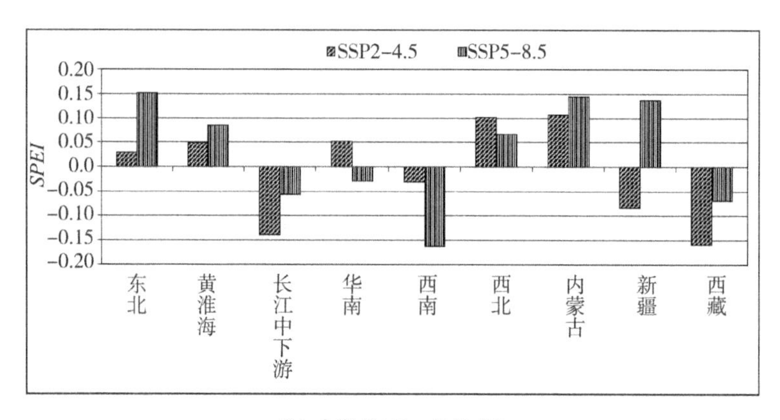

(b) 中期(2041—2070 年)

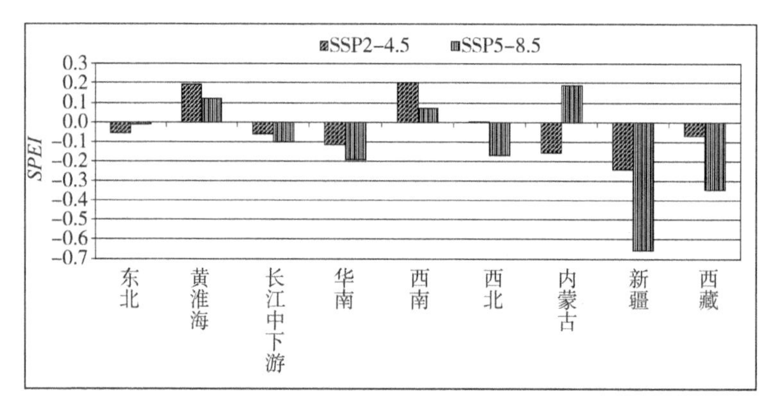

(c)远期(2071—2100 年)

图 4-7　两种气候变化情景下标准化降水蒸发指数(*SPEI*)变化对比图

4.3.2　我国未来气象干旱发生频率的变化

再从区域气象干旱发生的频率来分析未来气候变化对区域气象干旱的影响。我国九大区域现状、SSP2-4.5 情景和 SSP5-8.5 情景条件下发生中旱以上气象干旱频率的对比,见表 4-7。

表 4-7　不同情景下中旱以上气象干旱发生频率对比　　单位:%

研究区	中旱以上气象干旱发生频率		
	现状	SSP2-4.5 情景下	SSP5-8.5 情景下
东北	19.5	16.3	12.5
黄淮海	17.1	16.3	18.8

续 表

研究区	中旱以上气象干旱发生频率		
	现状	SSP2-4.5 情景下	SSP5-8.5 情景下
长江中下游	19.5	20.0	13.8
华南	12.2	16.3	12.5
西南	12.2	16.3	17.5
西北	9.8	11.3	17.5
内蒙古	19.5	15.0	17.5
新疆	9.8	17.5	17.5
西藏	19.5	18.8	12.5

从表 4-7 可以看出，与现状相比，SSP2-4.5 情景下，东北、黄淮海、内蒙古和西藏 4 个地区的中旱以上发生频率要低于现状，其他区域发生中旱及以上干旱的频率要高于现状。在 SSP5-8.5 情景下东北、长江中下游、内蒙古和西藏 4 个地区的中旱以上发生频率要低于现状，其他区域发生中旱及以上干旱的频率要高于现状。这些都说明，未来在 SSP2-4.5 情景下中旱气象干旱发生频率与 SSP5-8.5 情景相比要高一些，气象干旱现象要严重些。

通过对未来不同时期气候变化的特征分析，可知在未来气候变化两种情景下，近期干旱发生频率与标准化降水蒸发指数分布略有差别，中期与标准化降水蒸发指数分布差别较大，远期与标准化降水蒸发指数分布比较一致。

第五章 气候变化情景下我国未来水文干旱特征及变化趋势

以未来气候变化对我国区域年径流的影响作为此次水文干旱研究的目标，以标准化径流指数(*SRI*)作为水文干旱研究指标。

研究思路为:采用标准化径流指数对1956—2020年全国水资源一级分区的水文干旱现状进行描述，对各研究区水文干旱进行特征分析。本书研究采用CMIP6的BCC-CSM2-MR模式输出的SSP2-4.5情景和SSP5-8.5情景下2015—2100年的逐月径流系列数据，计算未来标准化径流指数及其变化，通过对比我国现状和未来(近、中、远期)前后水文干旱的特征，对系列中水文干旱的特征变化进行分析和诊断，包括我国水文干旱分布、各个研究区不同等级水文干旱的发生次数和频率变化，完成对我国未来水文干旱的格局变化和演变趋势的初步分析。

5.1 SSP2-4.5情景下气候变化对我国未来水文干旱影响分析

5.1.1 SSP2-4.5情景下我国未来水文干旱特征变化

对SSP2-4.5情景下我国未来径流变化的预测结果进行了计算和分析。可知在未来(2021—2100年)80年时间内，有8个区的径流指数变化呈增长趋势;有1个区的径流指数变化呈减少趋势，为东南诸河区;有1个区的径流指数变化趋势基本持平，为黄河区。SSP2-4.5情景下各研究区未来标准化径流指数(*SRI*)变化过程图见图5-1。

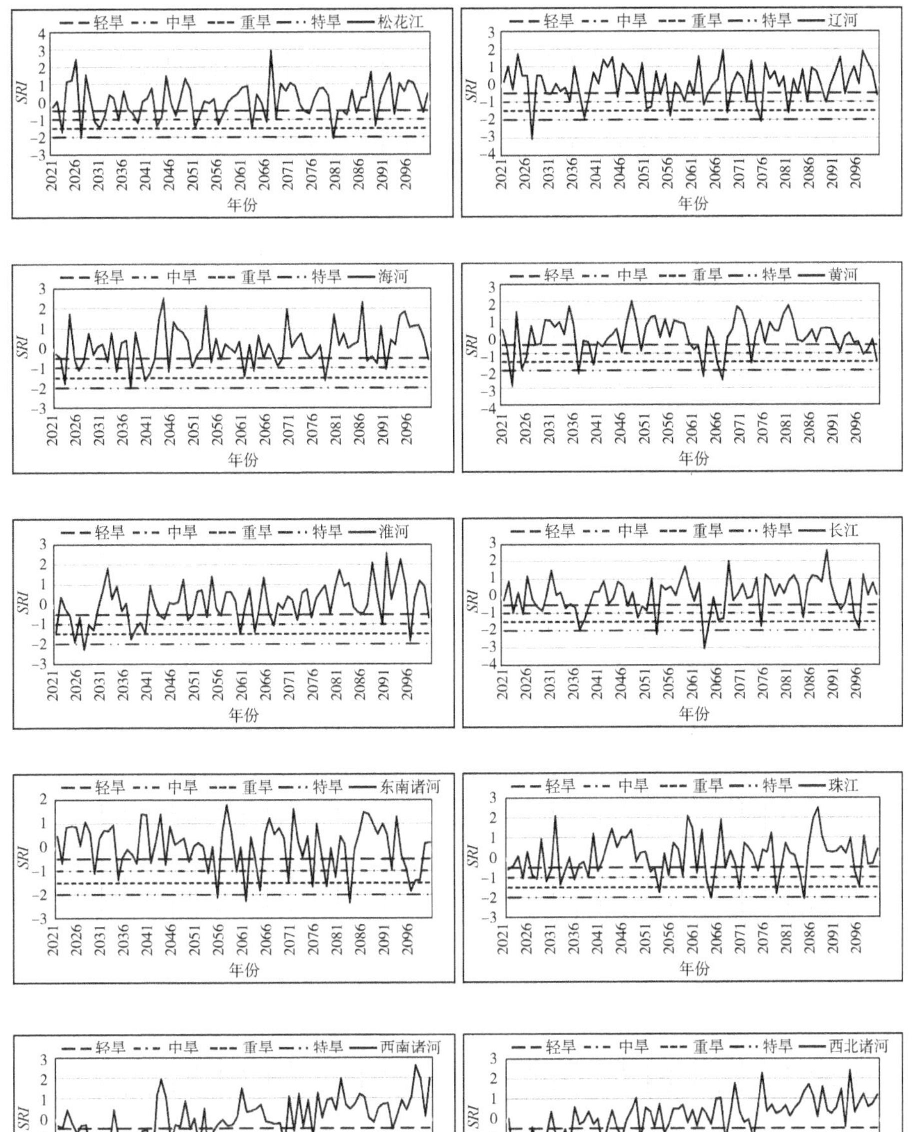

图 5-1　SSP2-4.5 情景下未来标准化径流指数(*SRI*)变化过程图

对照水文干旱等级标准,对标准化径流指数进行统计分析,可知在未来 80 年间我国不同等级水文干旱发生的次数和频率,见表 5-1。

表 5-1　SSP2-4.5 情景下未来水文干旱发生次数和频率

研究区	轻旱		中旱		重旱		特旱		水文干旱累计	
	次数	频率/%	次数	频率/%	次数	频率/%	次数	频率/%	次数	频率/%
松花江	14	17.5	10	12.5	1	1.3	2	2.5	27	33.8
辽河	12	15.0	7	8.8	4	5.0	2	2.5	25	31.3
海河	13	16.3	7	8.8	4	5.0	0	0.0	24	30.0
黄河	7	8.8	3	3.8	4	5.0	4	5.0	18	22.5
淮河	11	13.8	9	11.3	3	3.8	1	1.3	24	30.0
长江	9	11.3	8	10.0	3	3.8	2	2.5	22	27.5
东南诸河	7	8.8	7	8.8	4	5.0	3	3.8	21	26.3
珠江	13	16.3	8	10.0	3	3.8	2	2.5	26	32.5
西南诸河	11	13.8	8	10.0	3	3.8	1	1.3	23	28.8
西北诸河	6	7.5	7	8.8	3	3.8	1	1.3	17	21.3

由表 5-1 可以看出，在 SSP2-4.5 情景下我国未来 80 年间，松花江区发生水文干旱的频率最大，为 33.8%，其次为珠江区，频率为 32.5%。SSP2-4.5 情景下未来 10 个研究区不同等级水文干旱发生频率对比见图 5-2。

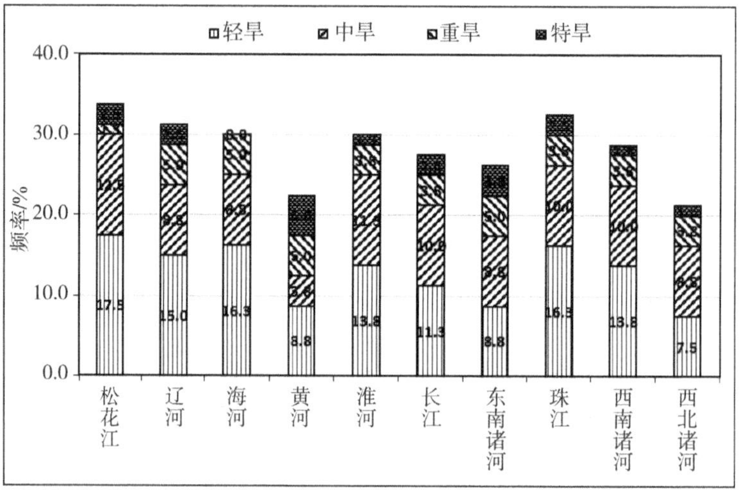

图 5-2　SSP2-4.5 情景下未来水文干旱发生频率对比

5.1.2　SSP2-4.5 情景下我国未来不同时期水文干旱的变化趋势

根据水文干旱等级划分标准可知，当标准化径流指数增加时，水文干旱现象会减轻，当标准化径流指数大于－0.5 时，说明没有水文干旱发生。

在 SSP2-4.5 情景下，到 2100 年有 8 个研究区的标准化径流指数是增加的，并且标准化径流指数都大于－0.5，只有黄河区和东南诸河区的标准化径流指数是减少的。其中，东南诸河区的标准化径流指数为－0.463，黄河区为－0.519，在轻旱标准附近。

通过对比标准化径流指数前后的变化，可以预计在 SSP2-4.5 情景下，未来气候变化的影响到 2100 年时还不会使我国水文干旱现象加重。SSP2-4.5 情景下未来每 10 年各研究区标准化径流指数值及其变化见表 5-2 和图 5-3。

表 5-2　SSP2-4.5 情景下未来每 10 年标准化径流指数(*SRI*)预测值

年份	松花江	辽河	海河	黄河	淮河
2015—2020	－0.80	－0.79	－1.12	－0.04	－0.79
2021—2030	0.14	0.11	－0.26	－0.44	－0.90
2031—2040	－0.42	－0.32	－0.34	0.05	－0.18
2041—2050	0.17	0.63	0.35	0.15	0.00
2051—2060	－0.34	－0.47	0.13	0.59	0.17
2061—2070	0.32	0.06	－0.17	－0.54	－0.05
2071—2080	0.07	－0.01	0.04	0.38	0.27
2081—2090	－0.06	－0.16	0.30	0.35	0.43
2091—2100	0.61	0.63	0.63	－0.52	0.73
累计变化量	1.42	1.42	1.76	－0.48	1.52
年份	长江	东南诸河	珠江	西南诸河	西北诸河
2015—2020	－0.46	－0.19	－0.46	－0.60	－1.41
2021—2030	－0.15	0.34	－0.44	－0.67	－1.13
2031—2040	－0.34	0.22	－0.20	－0.83	－0.40
2041—2050	－0.02	0.14	0.64	0.00	－0.19
2051—2060	0.27	－0.10	0.01	－0.26	0.15
2061—2070	－0.49	－0.21	－0.30	0.08	0.34

续 表

年份	长江	东南诸河	珠江	西南诸河	西北诸河
2071—2080	0.28	−0.21	0.08	0.39	0.40
2081—2090	0.87	0.41	0.41	0.73	0.79
2091—2100	−0.15	−0.46	0.08	0.95	0.88
累计变化量	0.31	−0.27	0.54	1.55	2.29

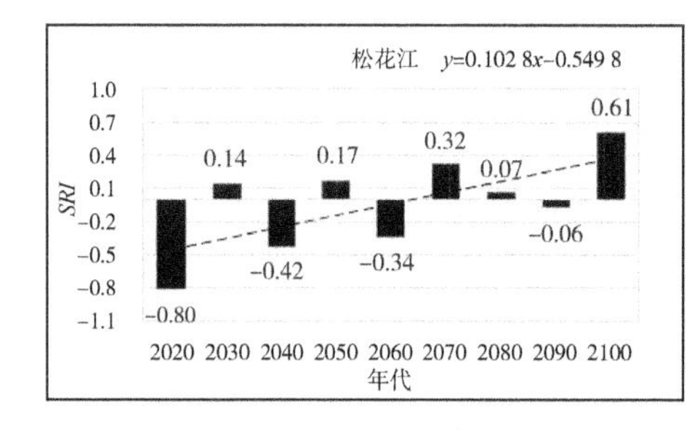

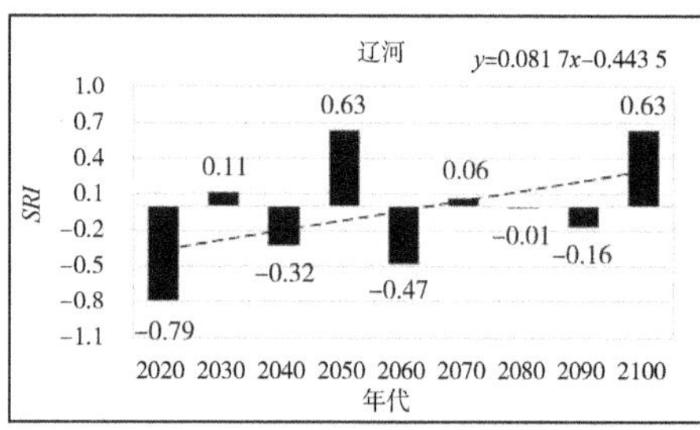

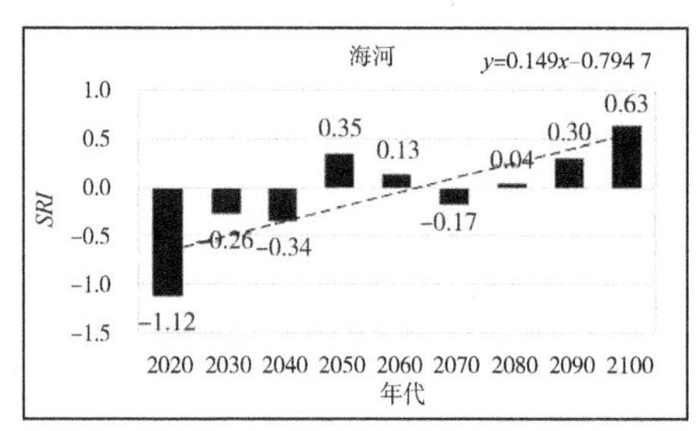

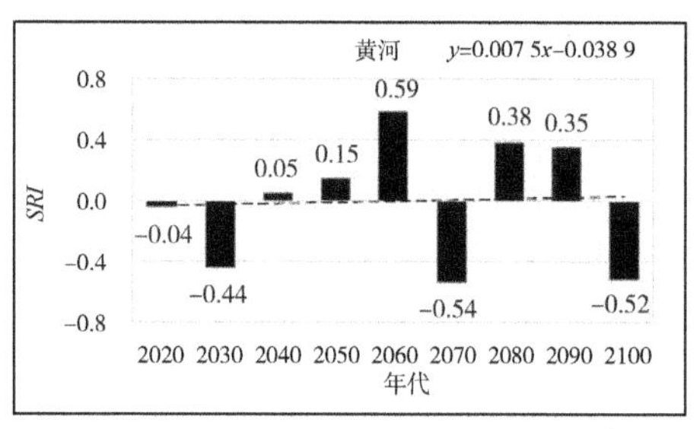

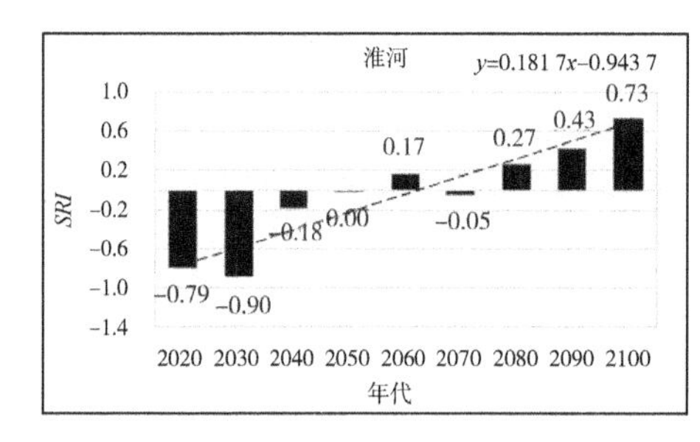

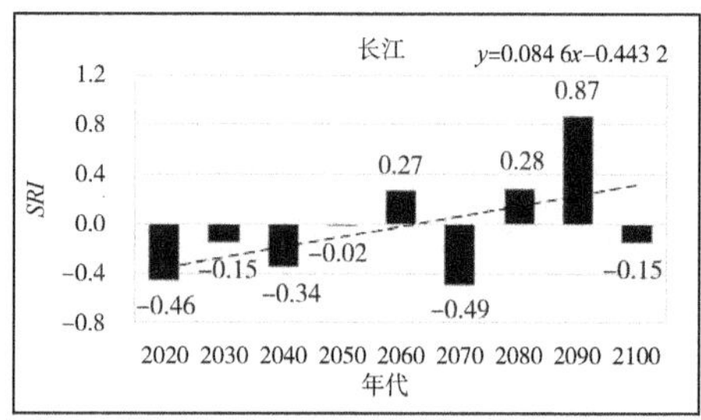

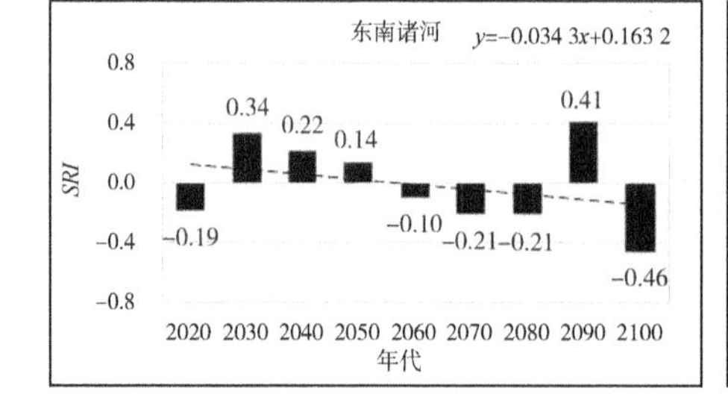

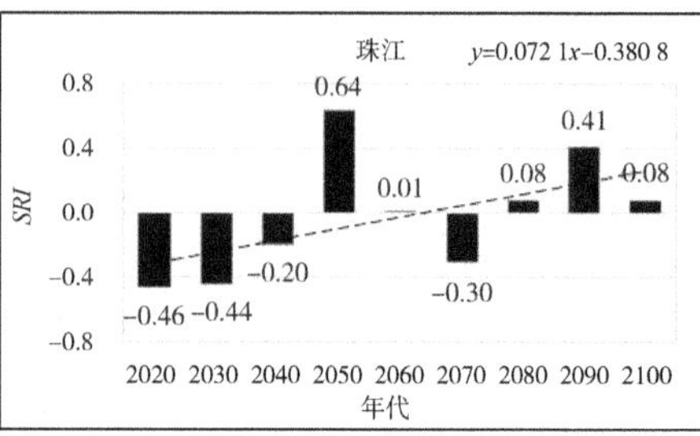

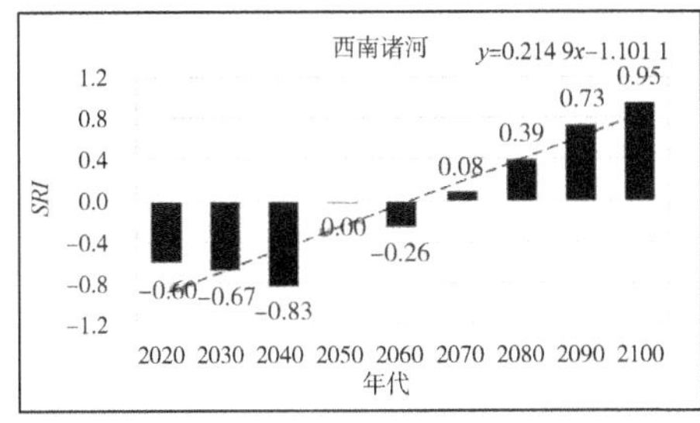

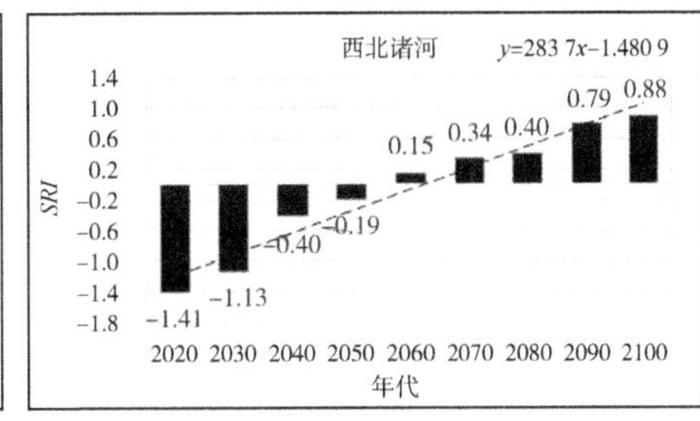

图 5-3 SSP2-4.5 情景下未来每 10 年标准化径流指数(*SRI*)变化趋势

再从未来的近期(2021—2040 年)、中期(2041—2070 年)和远期(2071—2100 年)来看我国 10 个研究区的标准化径流指数的变化,见表 5-3。

表 5-3 SSP2-4.5 情景下未来不同时期标准化径流指数(*SRI*)变化情况

时期	年份	松花江		辽河		海河	
		SRI	比前期	*SRI*	比前期	*SRI*	比前期
现状	2015—2020	−0.804		−0.785		−1.124	
近期	2021—2040	−0.139	0.666	−0.104	0.682	−0.303	0.821
中期	2041—2070	0.049	0.188	0.073	0.176	0.105	0.408
远期	2071—2100	0.204	0.156	0.153	0.081	0.322	0.217
累计变化			1.009		0.939		1.445

时期	年份	黄河		淮河		长江	
		SRI	比前期	*SRI*	比前期	*SRI*	比前期
现状	2015—2020	−0.036		−0.791		−0.457	
近期	2021—2040	−0.198	−0.162	−0.536	0.255	−0.246	0.210
中期	2041—2070	0.066	0.265	0.039	0.575	−0.080	0.167
远期	2071—2100	0.073	0.007	0.476	0.437	0.335	0.415
累计变化			0.109		1.267		0.792

时期	年份	东南诸河		珠江		西南诸河	
		SRI	比前期	*SRI*	比前期	*SRI*	比前期
现状	2015—2020	−0.192		−0.461		−0.601	
近期	2021—2040	0.276	0.468	−0.318	0.144	−0.752	−0.151

续 表

时期	年份	东南诸河		珠江		西南诸河	
		SRI	比前期	*SRI*	比前期	*SRI*	比前期
中期	2041—2070	−0.058	−0.334	0.115	0.432	−0.064	0.688
远期	2071—2100	−0.087	−0.029	0.189	0.074	0.686	0.750
累计变化			0.104		0.650		1.287

时期	年份	西北诸河	
		SRI	比前期
现状	2015—2020	−1.409	
近期	2021—2040	−0.761	0.648
中期	2041—2070	0.101	0.862
远期	2071—2100	0.689	0.588
累计变化			2.098

从表5-3可知，在SSP2-4.5情景下，到2100年，标准化径流指数变化量最少的是黄河区和东南诸河区，变化量只有0.1左右，说明这两个区的水文干旱现象基本与现状持平，而其他区的标准化径流指数变化在0.65～2.1之间，说明这些区的水文干旱现象有减轻趋势。

再从未来的近期、中期和远期的径流指数来分析径流变化过程。与现状的径流指数相比较，在未来的近期，有8个区的标准化径流指数都是增加的，只有黄河区和西南诸河区的标准化径流指数是减少的，其中西南诸河区近期的标准化径流指数为−0.752，说明水文干旱现象比现状的−0.601要严重，其他区的水文干旱现象都比现状要轻；而与近期相比较，在未来的中期，只有东南诸河区的径流指数减少，其他9个区的径流指数都是增加的，但是都没有达到轻旱的标准；与中期相比较，在未来的远期，仍然只有东南诸河区的径流指数是减少的，其他9个区的径流指数都是增加的，但也没有达到轻旱的标准。由此，可以诊断出在SSP2-4.5情景下，未来气候变化对我国的水文干旱的影响不大。

5.1.3 SSP2-4.5情景下我国未来发生中旱以上水文干旱频率分析

SSP2-4.5情景下各研究区未来发生中旱以上次数和频率见表5-4。

表 5-4　SSP2-4.5 情景下未来发生中旱以上次数和频率

研究区	中旱以上	
	次数	频率/%
松花江	13	16.3
辽河	13	16.3
海河	11	13.8
黄河	11	13.8
淮河	13	16.3
长江	13	16.3
东南诸河	14	17.5
珠江	13	16.3
西南诸河	12	15.0
西北诸河	11	13.8

可以看出，在未来，发生中旱以上次数最多的是东南诸河区，频率为17.5%，其次为松花江区和辽河区，最低的是西北诸河、海河和黄河地区。

5.2　SSP5-8.5 情景下气候变化对我国未来水文干旱影响分析

5.2.1　SSP5-8.5 情景下我国未来水文干旱特征变化

对 SSP5-8.5 情景下我国未来径流变化的预测结果进行了计算和分析。未来 80 年时间内有 8 个区的径流指数变化呈增长趋势；有 2 个区的径流指数变化呈减少趋势，分别为黄河和东南诸河。SSP5-8.5 情景下各研究区未来标准化径流指数（*SRI*）变化过程见图 5-4。

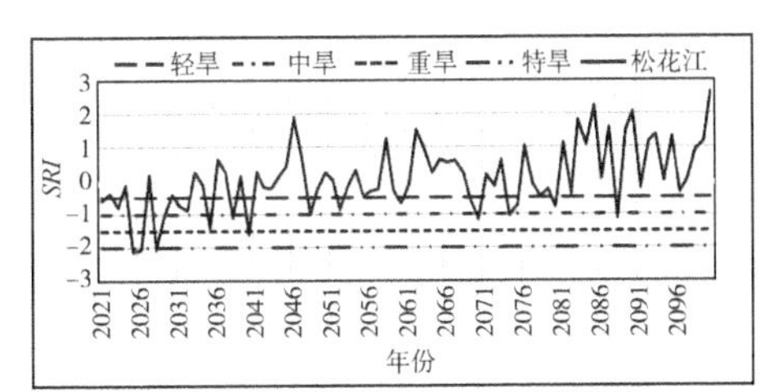

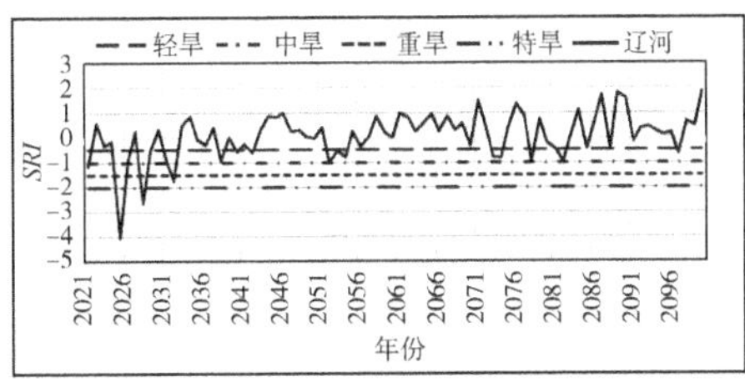

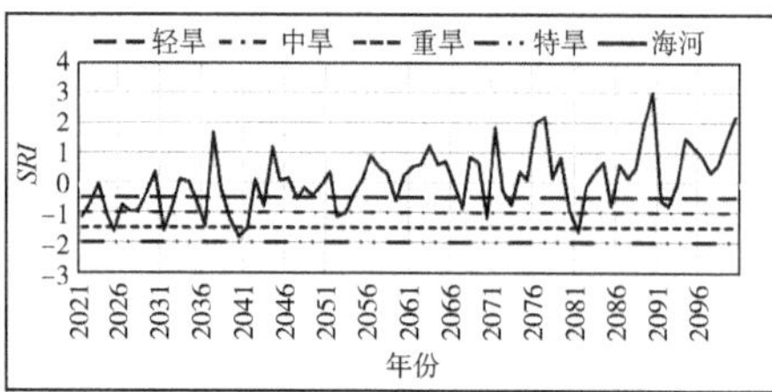

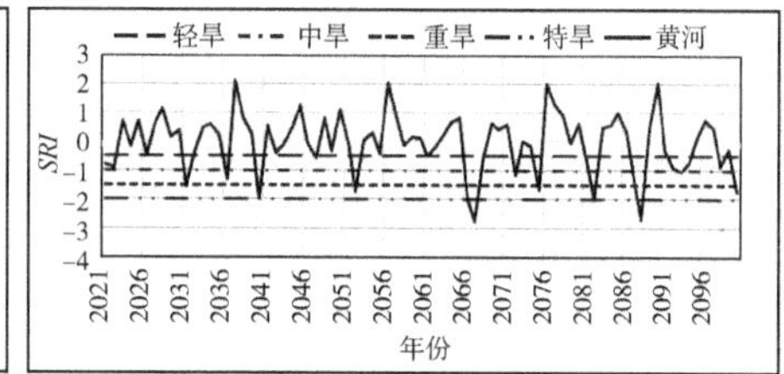

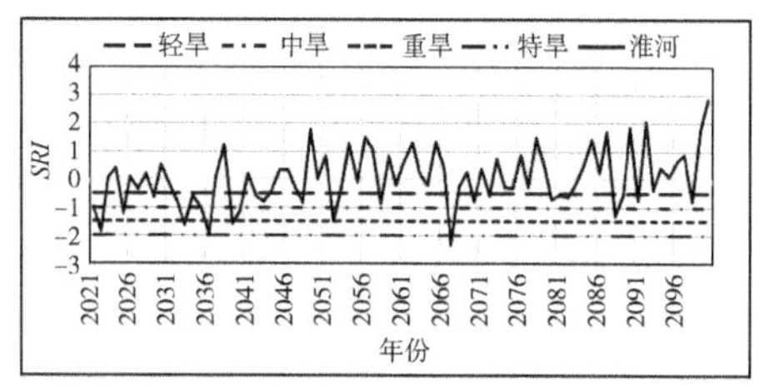

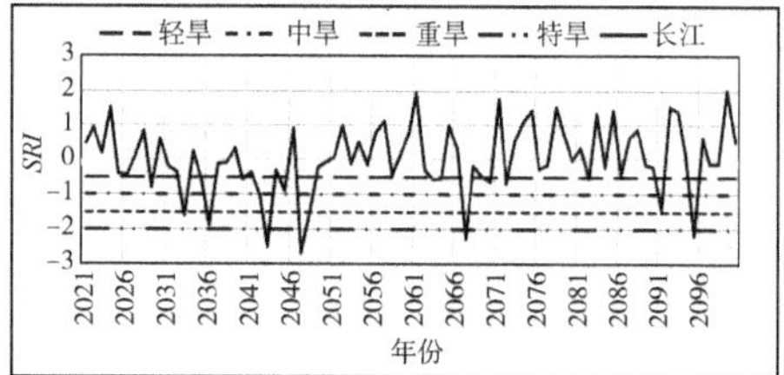

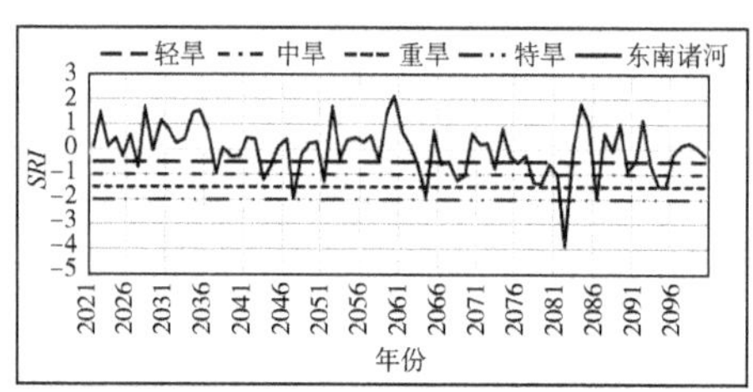

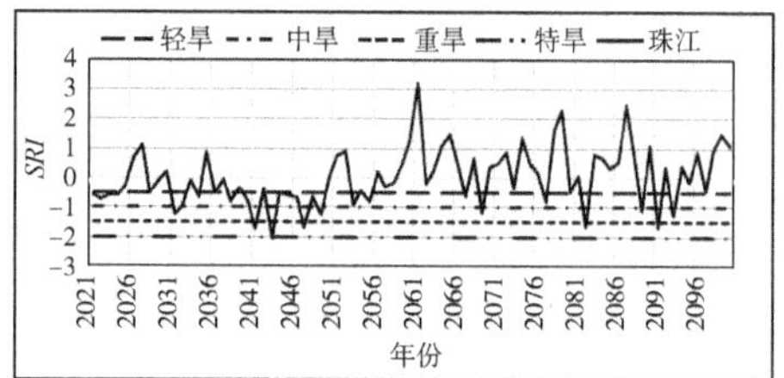

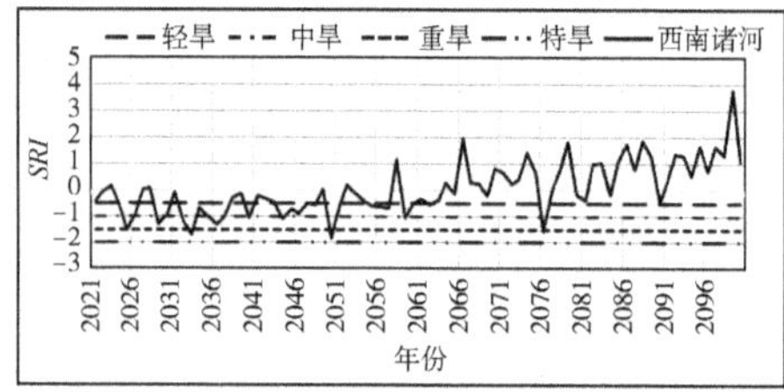

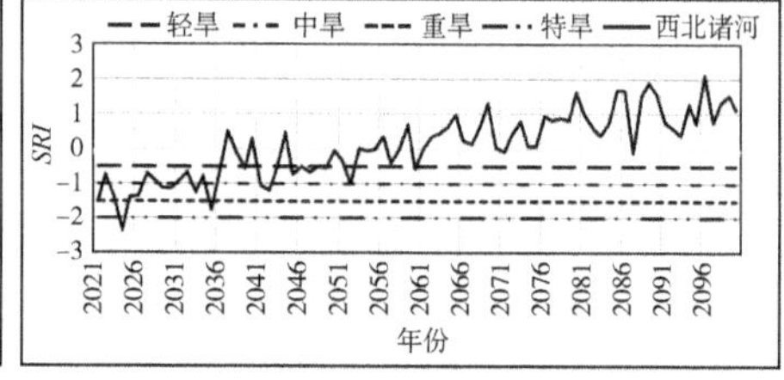

图 5-4　SSP5-8.5 情景下未来标准化径流指数(*SRI*)变化过程图

经对径流预测结果的统计分析，可知在未来我国不同等级水文干旱发生的次数和频率见表 5-5。

表 5-5　SSP5-8.5 情景下未来水文干旱发生次数和频率

研究区	轻旱		中旱		重旱		特旱		水文干旱累计	
	次数	频率/%	次数	频率/%	次数	频率/%	次数	频率/%	次数	频率/%
松花江	13	16.3	11	13.8	0	0.0	2	2.5	26	32.5
辽河	10	12.5	8	10.0	5	6.3	1	1.3	24	30.0

续 表

研究区	轻旱		中旱		重旱		特旱		水文干旱累计	
	次数	频率/%	次数	频率/%	次数	频率/%	次数	频率/%	次数	频率/%
海河	13	16.3	9	11.3	4	5.0	0	0.0	26	32.5
黄河	10	12.5	2	2.5	4	5.0	4	5.0	20	25.0
淮河	11	13.5	10	12.5	3	3.8	1	1.3	25	31.3
长江	10	12.5	6	7.5	3	3.8	2	2.5	21	26.3
东南诸河	8	10.0	8	10.0	4	5.0	4	5.0	24	30.0
珠江	14	17.5	7	8.8	3	3.8	2	2.5	26	32.5
西南诸河	10	12.8	7	8.8	4	5.0	1	1.3	22	27.5
西北诸河	7	8.8	8	10.0	0	0.0	2	2.5	17	21.3

由表 5-5 可以看出，SSP5-8.5 情景下我国未来 80 年间，松花江、海河和珠江地区发生水文干旱的频率最大，为 32.5%，其次为淮河区，频率为 31.3%。SSP5-8.5 情景下未来不同等级水文干旱发生频率对比见图 5-5。

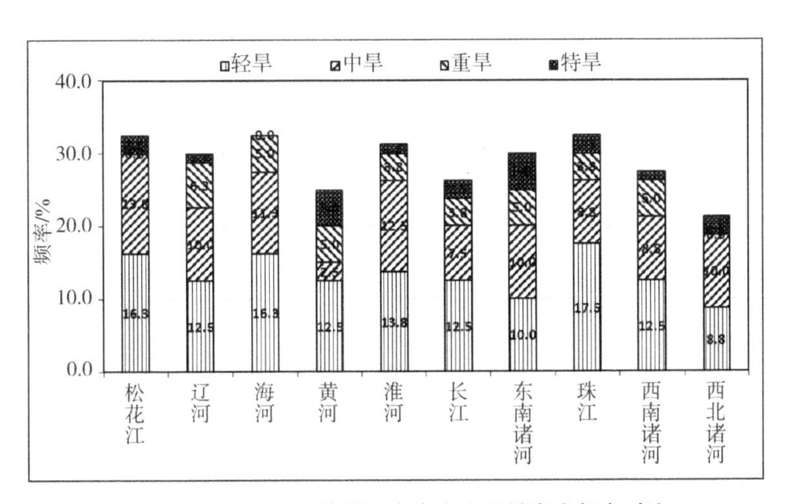

图 5-5 SSP5-8.5 情景下未来水文干旱发生频率对比

5.2.2 SSP5-8.5 情景下我国未来不同时期水文干旱的变化趋势

根据前面标准化指数的等级划分标准可知，当标准化径流指数增加时，水文干旱现象会减轻，当标准化径流指数大于－0.5 时，说明没有水文干旱发生。

在SSP5-8.5情景下，到2100年，有8个研究区的标准化径流指数是增加的，并且标准化径流指数都大于－0.5，只有黄河区和东南诸河区的标准化径流指数是减少的，其中，东南诸河区的标准化径流指数为－0.281，黄河区为－0.451，全国所有10个研究区的径流指数都没达到轻旱标准。

通过对比标准化径流指数前后的变化，可以预计在SSP5-8.5情景下，未来气候变化影响不会使我国水文干旱现象加重。SSP5-8.5情景下未来每10年各研究区标准化径流指数值及其变化见表5-6和图5-6。

表5-6　SSP5-8.5情景下未来每10年标准化径流指数(*SRI*)预测值

年份	松花江	辽河	海河	黄河	淮河
2015—2020	－0.98	－1.15	－0.67	0.41	－0.38
2021—2030	－0.95	－0.85	－0.72	0.14	－0.38
2031—2040	－0.45	－0.28	－0.59	－0.07	－0.76
2041—2050	0.20	0.28	－0.21	0.27	－0.03
2051—2060	－0.14	－0.08	－0.07	0.12	0.25
2061—2070	0.30	0.53	0.31	－0.31	0.05
2071—2080	－0.17	0.26	0.55	0.24	0.17
2081—2090	0.99	0.47	0.47	－0.18	0.25
2091—2100	0.80	0.37	0.66	－0.45	0.67
累计变化	1.78	1.52	1.330	－0.856	1.05
年份	长江	东南诸河	珠江	西南诸河	西北诸河
2015—2020	－0.59	0.38	－0.46	－0.70	－1.42
2021—2030	0.31	0.47	－0.13	－0.55	－1.24
2031—2040	－0.47	0.39	－0.46	－0.84	－0.58
2041—2050	－0.86	－0.21	－0.95	－0.65	－0.53
2051—2060	0.38	0.49	0.10	－0.32	－0.12
2061—2070	－0.17	－0.37	0.58	0.20	0.49
2071—2080	0.61	－0.39	0.58	0.43	0.65
2081—2090	0.32	－0.33	0.39	0.79	1.11
2091—2100	0.24	－0.28	0.17	1.37	1.07
累计变化	0.83	－0.66	0.62	2.07	2.48

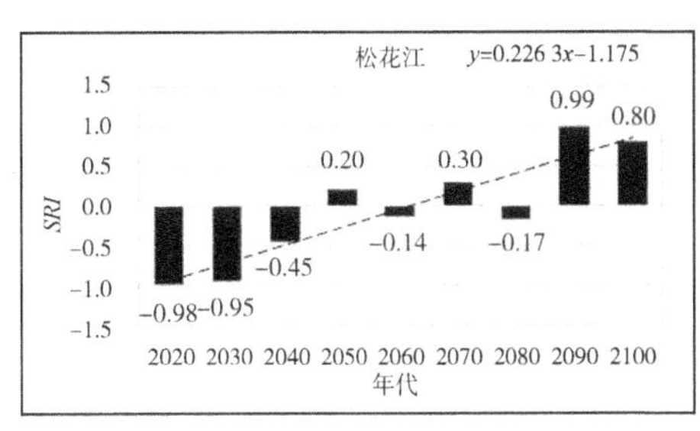

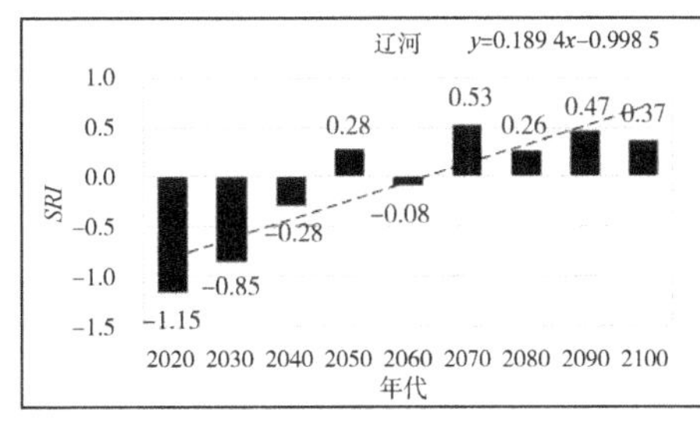

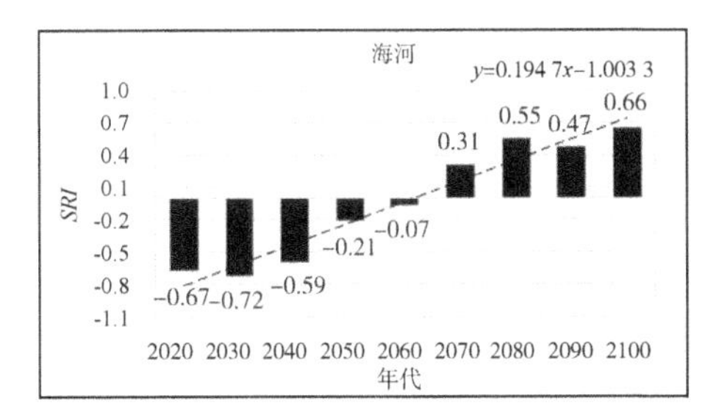

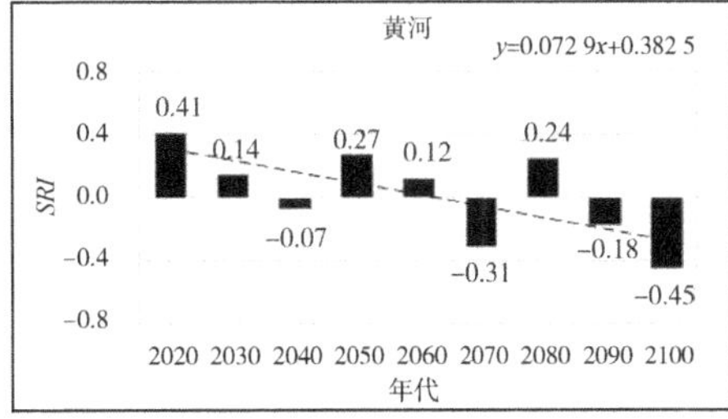

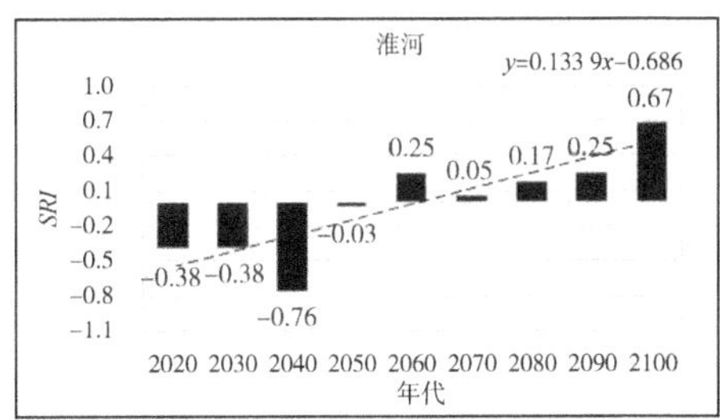

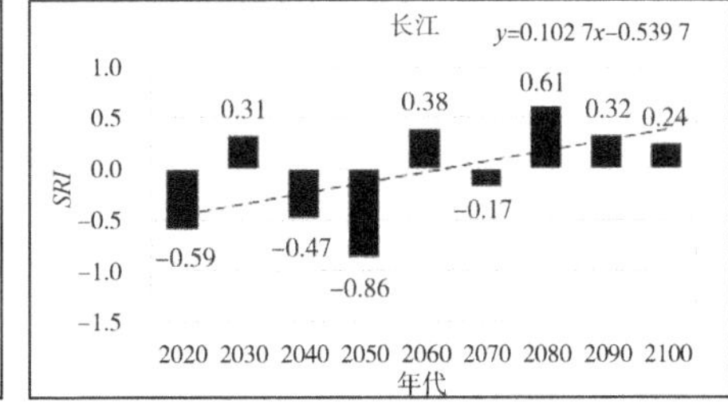

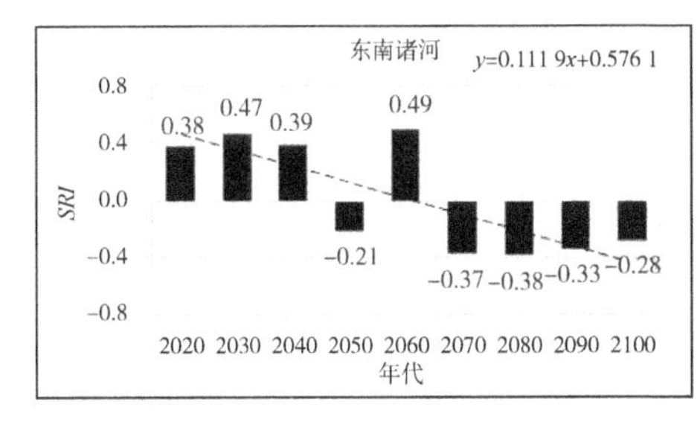

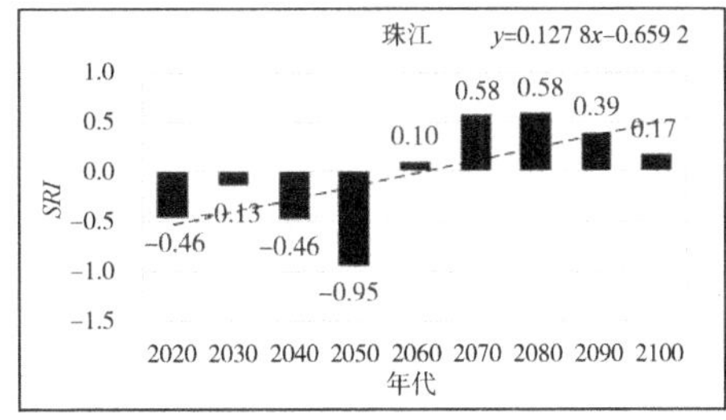

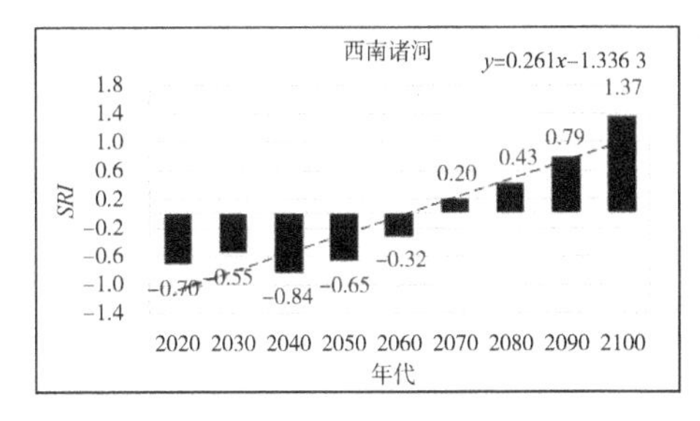

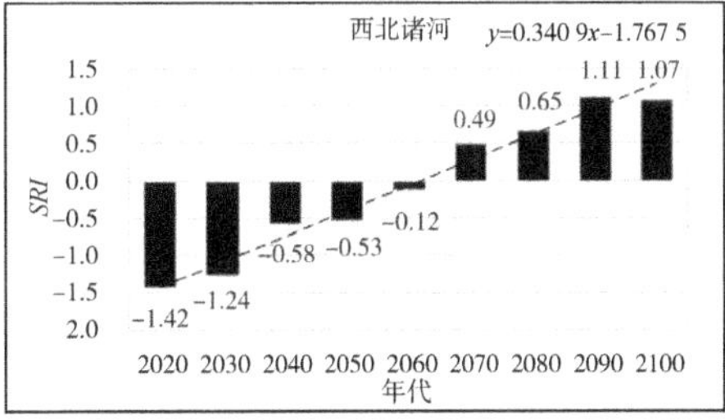

图 5-6　SSP5-8.5 情景下未来每 10 年标准化径流指数(*SRI*)变化趋势

再从未来的近期(2021—2040 年)、中期(2041—2070 年)和远期(2071—2100 年)来看我国 10 个研究区的标准化径流指数的变化,见表 5-7。

表 5-7 SSP5-8.5 情景下未来不同时期标准化径流指数(*SRI*)变化情况

时期	年份	松花江		辽河		海河	
		SRI	比前期	*SRI*	比前期	*SRI*	比前期
现状	2015—2020	−0.977		−1.154		−0.670	
近期	2021—2040	−0.699	0.277	−0.564	0.590	−0.655	0.015
中期	2041—2070	0.121	0.821	0.241	0.806	0.011	0.666
远期	2071—2100	0.540	0.419	0.366	0.125	0.560	0.549
累计变化			1.517		1.520		1.230
时期	年份	黄河		淮河		长江	
		SRI	比前期	*SRI*	比前期	*SRI*	比前期
现状	2015—2020	0.405		−0.376		−0.588	
近期	2021—2040	0.038	−0.366	−0.571	−0.195	−0.077	0.511
中期	2041—2070	0.092	0.054	0.092	0.663	−0.218	−0.141
远期	2071—2100	0.364	0.272	0.364	0.272	0.387	0.605
累计变化			−0.040		0.740		0.975
时期	年份	东南诸河		珠江		西南诸河	
		SRI	比前期	*SRI*	比前期	*SRI*	比前期
现状	2015—2020	0.376		−0.457		−0.702	
近期	2021—2040	0.427	0.051	−0.297	0.160	−0.692	0.010
中期	2041—2070	−0.029	−0.456	−0.090	0.207	−0.259	0.433
远期	2071—2100	−0.331	−0.302	0.379	0.469	0.861	1.119
累计变化			−0.706		0.836		1.563

续 表

时期	年份	西北诸河	
		SRI	比前期
现状	2015—2020	−1.417	
近期	2021—2040	−0.910	0.507
中期	2041—2070	−0.051	0.859
远期	2071—2100	0.941	0.992
累计变化		2.358	

从表 5-7 可知，在 SSP5-8.5 情景下，到 2100 年，标准化径流指数变化量最少的是黄河区，变化量只有 0.04 左右，说明这个区的水文干旱现象基本与现状持平，东南诸河区的径流指数变化是减少的，变化了−0.706，说明该区的径流变化向水文干旱方向发展，但是还没有达到水文干旱的标准；而其他 8 个研究区的标准化径流指数变化是增加的，在 0.74～2.36 之间，说明这些区的水文干旱现象会有明显的减轻。

再从未来的近期、中期和远期的径流指数来分析径流变化过程。与现状的径流指数相比较，在未来的近期，有 8 个区的标准化径流指数都是增加的，只有黄河区和淮河区的标准化径流指数是减少的，其中淮河区近期的标准化径流指数为−0.571，说明水文干旱现象比现状的−0.376 要严重，其他区的水文干旱现象都比现状要轻；而与近期相比较，在未来的中期，只有长江区和东南诸河区的径流指数减少，其他 8 个区的径流指数都是增加的，所有区都没有达到轻旱的标准；与中期的径流指数相比较，在未来的远期，仍然只有东南诸河的径流指数是减少的，但没有达到轻旱的标准，其他 9 个区的径流指数都是增加的。

可以看出，除了东南诸河区在中期和远期的径流一直在减少，黄河区的径流基本维持现状不变，其他研究区的径流变化是增加的。由此，可以诊断出在 SSP5-8.5 情景下，我国大部分区域的水文干旱对未来气候变化的响应是径流量增加。

5.2.3 SSP5-8.5 情景下我国未来发生中旱以上水文干旱频率分析

SSP5-8.5 情景下各研究区未来发生中旱以上水文干旱的次数和频率见表 5-8。

表 5-8 SSP5-8.5 情景下未来发生中旱以上次数和频率

研究区	中旱以上	
	次数	频率/%
松花江	13	16.3
辽河	14	17.5
海河	13	16.3
黄河	10	12.5
淮河	14	17.5
长江	11	13.8
东南诸河	16	20.0
珠江	12	15.0
西南诸河	12	15.0
西北诸河	10	12.5

可以看出，在未来 80 年间，发生中旱以上次数最多的是东南诸河区，频率为 20.0%，其次为辽河区和淮河区，频率为 17.5%，发生频率最低的是黄河区和西北诸河区，频率为 12.5%。

5.3 气候变化对我国未来水文干旱的影响

5.3.1 我国未来标准化径流指数的变化

近期(2021—2040 年)的两个情景下，除东南诸河区外，其他区域标准化径流指数呈减少趋势。中期(2041—2070 年)的两个情景下，长江、东南诸河、珠江、西南诸河、西北诸河区标准化径流指数呈减少趋势。远期(2071—2100 年)除东南诸河区外，其他区域标准化径流指数呈增加趋势。标准化径流指数的减少，说明未来的气候变化影响可能会使区域水文干旱现象比现状加重；径流指数的增加，说明未来的气候变化可能会使区域水文干旱现象比现状减轻。从前面对两种未来气候变化情景下的标准化径流指数变化的分析结果来看，虽然未来标准化径流指数的变化幅度较小，但是对我国未来水文干旱程度造成一定的影响。未来两种气候变化情景下的径流指数变化情况见图 5-7。

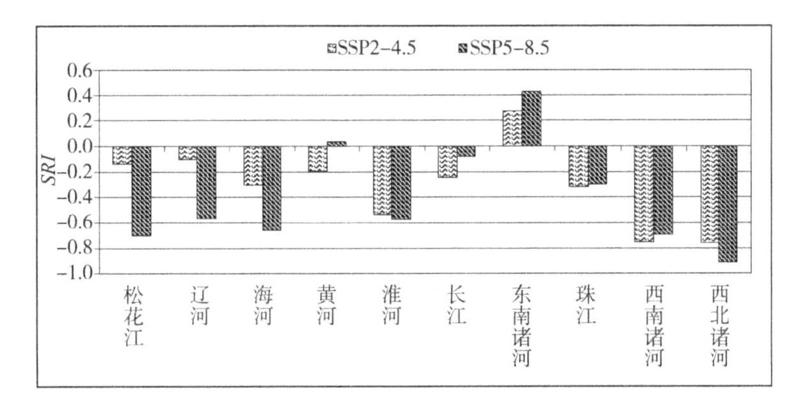

(a) 近期(2021—2040 年)

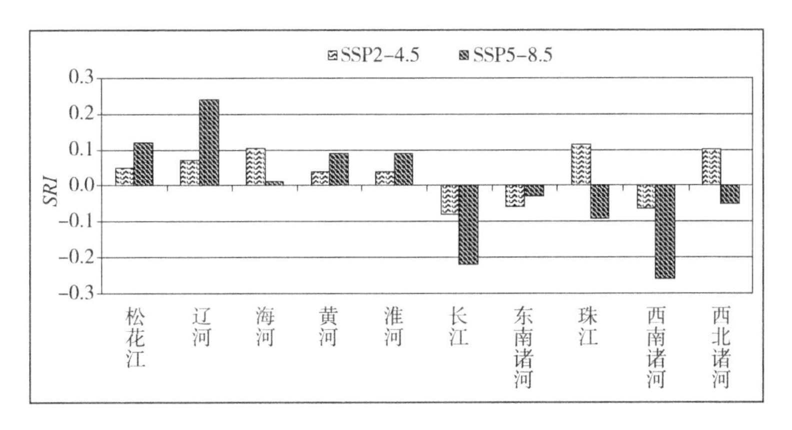

(b) 中期(2041—2070 年)

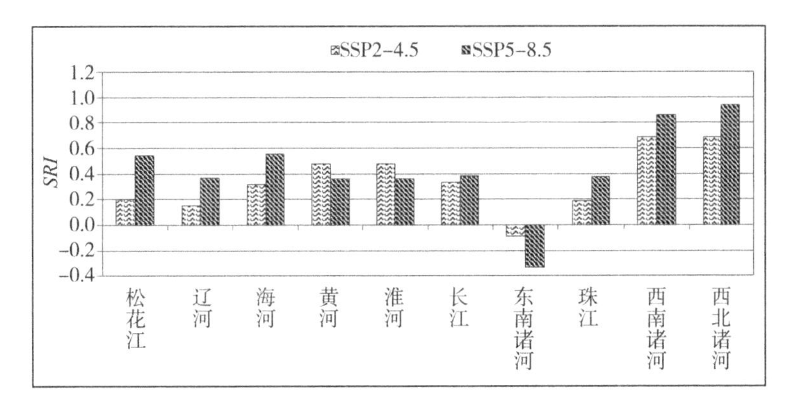

(c)远期(2071—2100 年)

图 5-7 两种气候变化情景下未来标准化径流指数(*SRI*)变化对比图

5.3.2 我国未来水文干旱发生频率的变化

从区域水文干旱发生的频率来分析未来气候变化对水文干旱特征的影响。我国10个研究区在现状、SSP2-4.5情景和SSP5-8.5情景条件下发生中旱以上水文干旱发生频率的对比见表5-9。

表5-9 不同情景下中旱以上水文干旱发生频率对比 单位:%

研究区	中旱以上水文干旱发生频率		
	现状	SSP2-4.5情景下	SSP5-8.5情景下
松花江	20.0	16.3	16.3
辽河	18.5	16.3	17.5
海河	16.9	13.8	16.3
黄河	12.3	13.8	12.5
淮河	16.9	16.3	17.5
长江	23.1	16.3	13.8
东南诸河	18.5	17.5	20.0
珠江	12.3	16.3	15.0
西南诸河	16.9	15.0	15.0
西北诸河	21.5	13.8	12.5

从表5-9可以看出,与现状相比,SSP2-4.5情景下,黄河、珠江2个区的中旱以上发生频率高于现状;在SSP5-8.5情景下,黄河、淮河、东南诸河和珠江4个区中旱发生频率要高于现状。这些都说明在SSP5-8.5情景下中旱发生频率与SSP2-4.5情景下相比要高一些,水文干旱现象要严重些。

从未来不同时期来看我国的径流分布,在未来气候变化的两种情景下,在近期,径流指数分布略有差别;在中期,径流指数分布差别较大;在远期,径流指数分布比较一致。

本书只讨论了在气候变化影响下根据BCC模式计算出的两种情景下我国径流可能的变化,实际上径流变化除了受到气候变化影响,最重要的是要受到人类活动的影响,包括水资源利用、下垫面开发,以及社会生产活动、人口变化等等。只有考虑人类活动和自然变化的综合影响,才能对未来径流的变化趋势做出判断。

第六章 气候变化情景下我国未来农业干旱特征及变化趋势

我国地域宽广，气象因子是我国干旱主要影响因素之一，气候变化对我国未来气象因子的影响程度在降水和气温方面并不一致，因此，气候变化对干旱的影响要考虑气象因子间的相互作用，年干旱指数正是综合反映了降水和气温相互作用下气候干旱状况的一个指标，研究发现，这个指标与我国农业干旱的严重程度密切相关。

本书研究中分析了我国气候干旱分布情况以及对农业受旱率的影响，通过建立年干旱指数与农业受旱率这两个指标的相关关系，依据未来气候变化预测数据，对在未来气候条件下我国未来农业干旱可能的变化和演变趋势进行预测和评估。

6.1 年干旱指数与农业受旱率关系分析

6.1.1 年干旱指数计算及分析

干旱的形成主要受到气象条件变化以及人类活动的影响。可以说气象因子是干旱形成的最为直接的自然因素。本书研究采用反映气候干湿程度的指标——年干旱指数进行分析。该指数通常定义为年蒸发能力和年降水量的比值。其表达式为：

$$\gamma = \frac{E_0}{P} \tag{6-1}$$

式中：γ 为年干旱指数；E_0 为年蒸发量，mm；P 为年降水量，mm。

在中国气候区划中，年干旱指数称为干燥度，可反映一年中区域的气候干湿状况，气候干湿程度的划分标准见表 6-1。

表 6-1 依据年干旱指数划分气候干湿程度标准

气候干湿程度	年干旱指数
湿润	$\gamma<1.0$
半湿润	$1.0\leqslant\gamma<1.6$
半干旱	$1.6\leqslant\gamma<3.5$
干旱	$3.5\leqslant\gamma<16.0$
极干旱	$\gamma\geqslant16.0$

注：参见 GB/T 17297—1988。

经计算，我国各研究区 1980—2020 年的年干旱指数见表 6-2。

表 6-2 九大研究区年干旱指数

年份	东北	黄淮海	长江中下游	华南	西南	西北	内蒙古	新疆	西藏
1980	2.08	3.18	0.91	0.96	1.37	3.51	6.92	25.39	3.70
1981	2.09	3.38	1.04	0.90	1.63	3.50	5.89	19.39	4.93
1982	2.85	3.02	0.99	0.92	1.42	4.83	6.99	26.57	5.11
1983	2.03	3.05	0.88	0.85	1.36	2.95	5.62	24.77	5.36
1984	2.04	2.52	1.01	1.00	1.47	3.28	4.70	20.16	4.58
1985	1.63	2.23	1.08	0.93	1.51	3.36	4.82	35.17	3.70
1986	1.83	3.37	1.21	1.01	1.57	4.94	6.07	26.26	4.69
1987	1.83	2.52	0.95	1.12	1.65	4.54	6.35	15.61	3.59
1988	2.34	2.78	1.19	0.99	1.68	3.59	5.51	17.66	3.80
1989	2.79	3.61	0.90	1.04	1.57	3.64	6.71	24.57	4.47
1990	2.07	2.21	1.00	0.93	1.61	3.74	4.74	22.23	3.84
1991	2.00	2.66	0.95	1.31	1.49	4.96	5.22	23.85	3.69
1992	2.53	3.31	1.07	0.92	1.67	3.71	5.52	17.25	5.41
1993	2.39	3.10	0.91	0.93	1.42	4.16	5.32	15.85	4.39
1994	1.78	2.53	1.08	0.86	1.60	4.43	5.68	23.61	5.30
1995	2.02	2.61	1.05	0.96	1.56	4.64	6.18	22.47	3.97

续 表

年份	东北	黄淮海	长江中下游	华南	西南	西北	内蒙古	新疆	西藏
1996	2.23	2.51	0.99	0.98	1.50	4.07	5.39	18.06	3.95
1997	2.70	4.37	1.03	0.79	1.58	5.62	6.82	36.09	4.14
1998	1.97	2.61	0.94	1.02	1.49	4.03	4.06	19.61	3.51
1999	3.05	4.52	0.95	1.02	1.46	4.61	7.90	24.86	3.86
2000	2.72	3.18	1.04	0.91	1.44	4.78	8.07	22.33	3.52
2001	2.98	3.75	1.20	0.82	1.62	4.65	8.70	23.95	4.19
2002	2.68	4.08	0.90	0.95	1.50	4.64	6.74	19.69	3.83
2003	2.35	2.30	1.13	1.32	1.65	3.31	5.47	18.31	4.16
2004	2.55	2.87	1.20	1.31	1.52	4.72	6.85	23.01	3.75
2005	2.01	2.90	1.05	0.99	1.72	4.24	7.67	17.73	4.90
2006	2.47	3.70	1.13	0.93	1.82	4.68	7.21	24.85	4.94
2007	2.67	2.92	1.19	1.13	1.52	3.83	8.75	21.24	4.35
2008	2.62	2.80	1.11	0.84	1.52	4.38	5.92	25.94	3.70
2009	2.33	3.01	1.15	1.01	1.90	4.23	7.91	26.69	6.28
2010	1.57	2.89	0.90	0.88	1.63	4.18	6.09	14.99	3.95
2011	2.63	2.73	1.27	1.05	1.89	3.52	7.53	22.07	4.57
2012	1.60	2.49	0.91	0.87	1.68	3.76	4.10	19.03	4.51
2013	1.66	3.13	1.21	0.90	1.77	4.22	4.84	20.85	4.10
2014	2.88	3.54	0.99	0.95	1.50	3.67	5.78	25.06	4.60
2015	2.44	3.15	0.88	0.95	1.56	4.61	6.15	19.26	4.77
2016	1.94	2.58	0.84	0.78	1.51	4.58	5.77	15.51	4.19
2017	2.53	2.99	1.02	0.97	1.50	3.61	7.67	18.41	4.18
2018	2.23	2.05	1.12	1.38	1.34	3.77	5.49	16.34	0.80
2019	2.11	1.95	1.22	1.80	1.35	3.77	4.91	16.91	0.75
2020	2.00	2.44	1.18	1.53	1.43	3.96	5.50	15.56	0.96

表 6-3 给出了我国九大研究区 1980—2020 年多年平均年干旱指数及排序。

表 6-3　各研究区多年平均年干旱指数排序

研究区	年干旱指数	
	多年平均值	排序
新疆	21.64	1
内蒙古	6.18	2
西藏	4.07	3
西北	4.13	4
黄淮海	2.96	5
东北	2.27	6
西南	1.56	7
长江中下游	1.04	8
华南	1.02	9

从表 6-3 可以看出，我国从北向南、从西向东，各区域的气候由干旱到湿润渐变。其中，新疆是年干旱指数最高地区，华南是年干旱指数最低的区域。

6.1.2　年干旱指数-年受旱率关系建立

采用相关法分析了九大研究区的年干旱指数与研究区年受旱率的相关关系。图 6-1 给出了各研究区历年年干旱指数与年受旱率的变化过程。

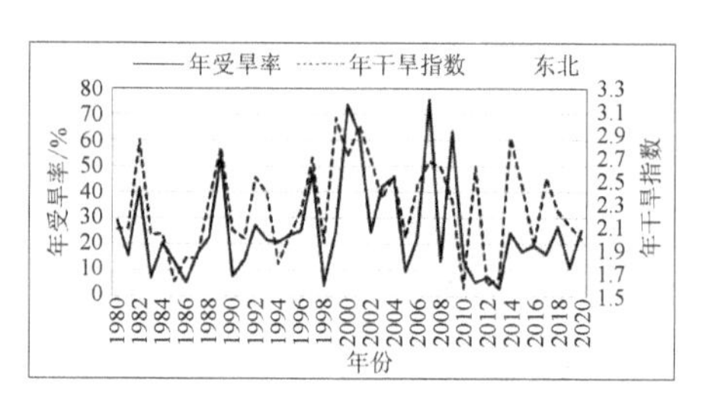

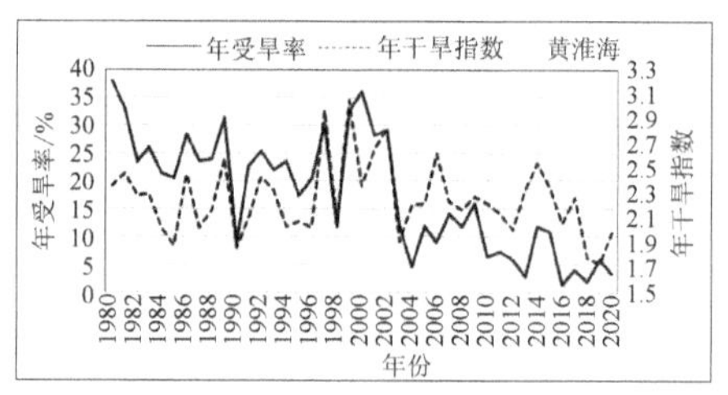

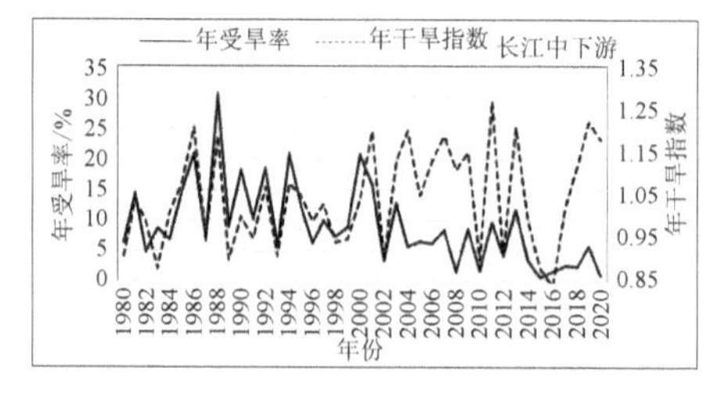

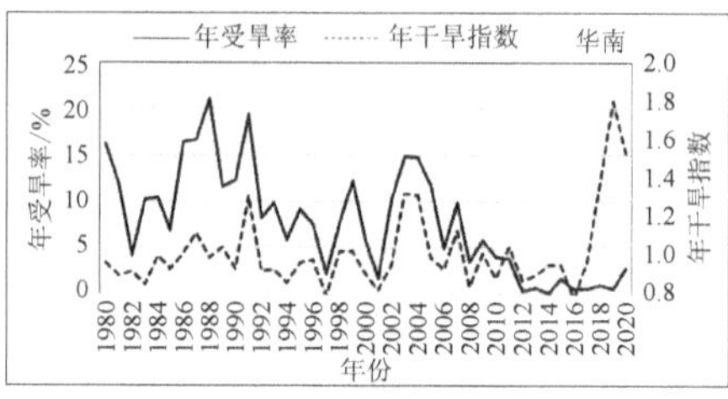

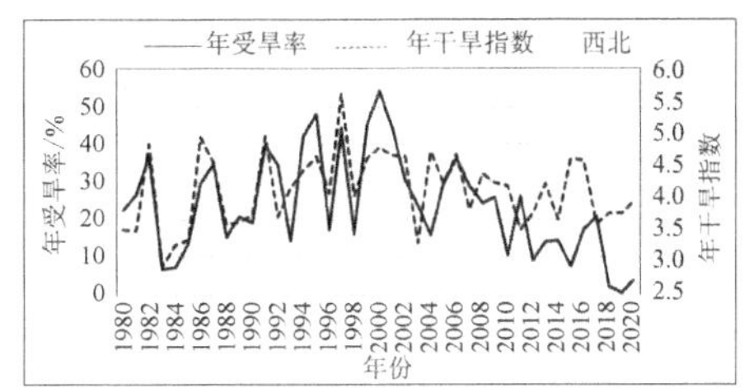

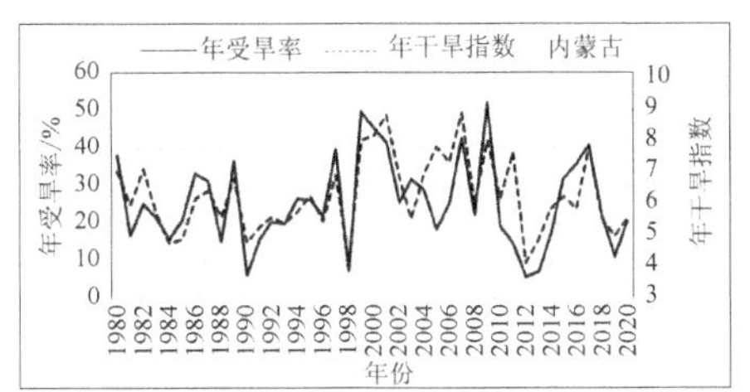

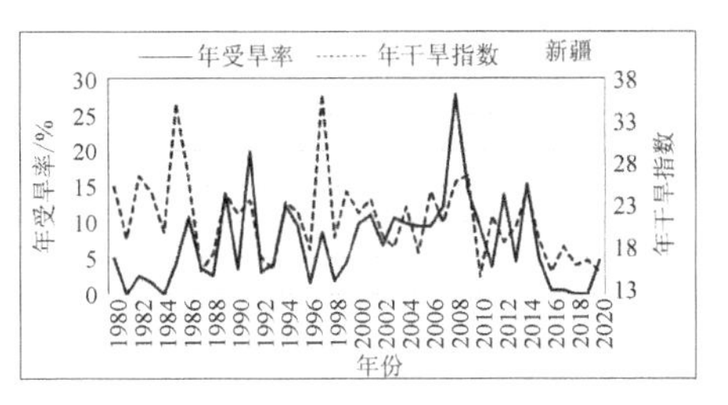

图 6-1　各研究区历年年干旱指数与年受旱率变化过程图

从理论上来说，气候干旱是农业干旱的直接和最主要的原因，农业干旱与气象干旱的严重程度密切相关，有着正相关的关系。但是从图 6-1 可以看出，各大区的年干旱指数与年受旱率在有的时间段（特别是 2010 年以后）的相关性为负相关，变化不一致，说明这段时间农业干旱还受到其他因素的影响，主要是人类抗旱活动的影响，使得受旱程度减轻。因此，本书研究在考虑未来气候变化对干旱影响时，从自然影响因素出发，选择了气象干旱与农业干旱变化相对一致，且正相关关系较好的时间段，来建立这两者的关系。基于这一思路，对八个研究区（西藏因缺乏受旱数据，无法建立此关系）的 1980—2020 年的逐年年干旱指数和年受旱率进行分时段的相关关系分析，选择两者相关关系较好的时间段，经过了相关系数的筛选。在 38 年系列中，各大区相关关系较好的时间段最短为连续 16 年，最长为 24 年，平均为 20.9 年，经过逐步回归和指数分析，得到了八个研究区年干旱指数与年受旱率的关系式，为后面进行气候变化影响农业受旱率的预测和评估构建了良好的依据。

表 6-4 给出了已建立的年干旱指数-年受旱率的关系式和相关系数。

表 6-4　各研究区年干旱指数与年受旱率关系表

序号	研究区	年干旱指数 X-年受旱率 Y 关系	采用年份	相关系数
1	东北	$Y=6.346X^2-4.693X-1.133$	1980—2002	0.718
2	黄淮海	$Y=-7.409X^2+56.722X-79.639$	1988—2003	0.817

续 表

序号	研究区	年干旱指数 X-年受旱率 Y 关系	采用年份	相关系数
3	长江中下游	$Y=-55.747X^2+179.41X-111.09$	1984—2002	0.807
4	华南	$Y=-13.717X^2+53.472X-30.801$	1990—2010	0.718
5	西南	$Y=83.247X^2-231.26X+171.94$	1986—2007	0.604
6	西北	$Y=0.792X^{2.547}$	1980—2001	0.821
7	内蒙古	$Y=0.242X^2+7.253X-26.437$	1980—2000	0.911
8	新疆	$Y=0.1976e^{0.1592X}$	1986—2002	0.708

可以看出，除了西北、新疆的年干旱指数与年受旱率关系式为指数形式，其他地区为一元二次关系式。

图 6-2 绘出了研究区年干旱指数与年受旱率关系建立时的相关系数。

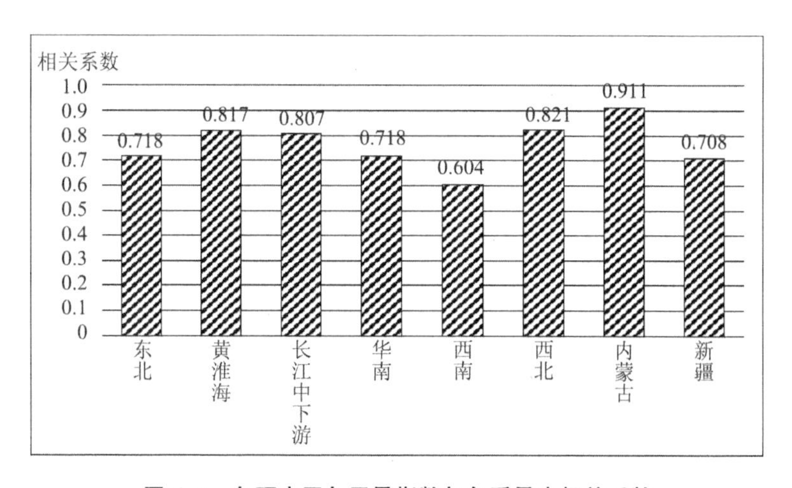

图 6-2 各研究区年干旱指数与年受旱率相关系数

从图 6-2 可以看出，各区依照相关系数由大到小排序，依次为内蒙古、西北、黄淮海、长江中下游、东北、华南、新疆、西南。各区的相关系数都在 0.6 以上，可以认为所建立的年干旱指数与受旱率的关系式是合理、可信的，可以用于气候变化对干旱影响的预测和评估。

6.2 SSP2-4.5 情景下气候变化对我国未来干旱情势的影响

6.2.1 SSP2-4.5 情景下气候变化对我国未来气候干旱的影响

通过分析和计算，得到了在 SSP2-4.5 情景下我国九个区的年干旱指数在未来的变化情况，如图 6-3 所示。

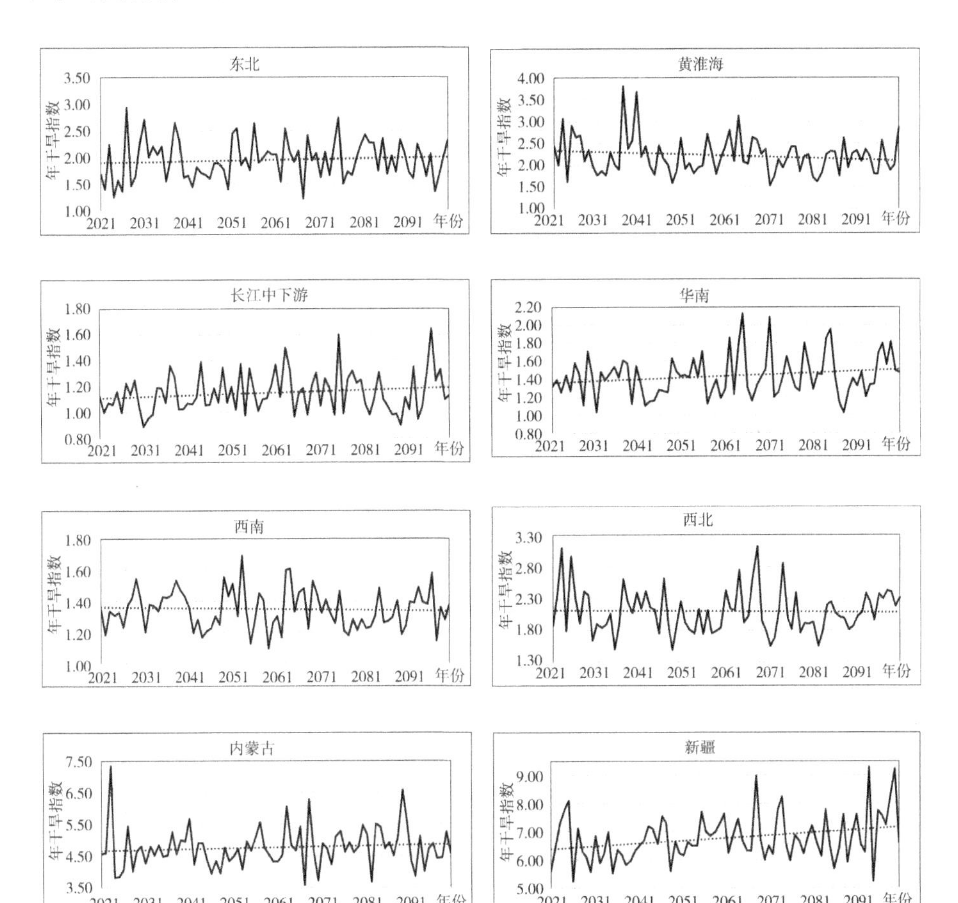

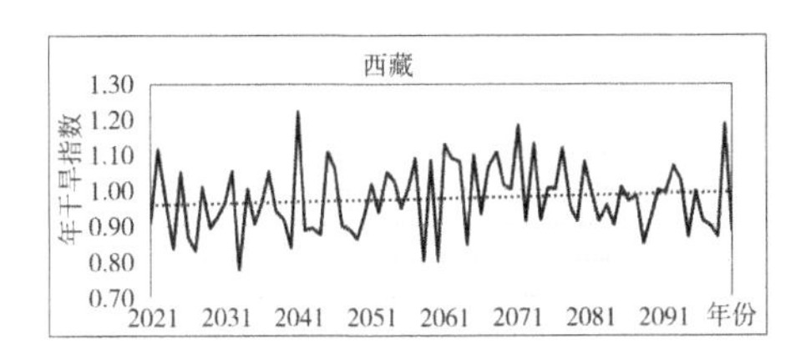

图 6-3 SSP2-4.5 情景下未来年干旱指数变化趋势

从图 6-3 可以看出，在考虑了未来气温和降水变化综合影响后，部分区的年干旱指数变化呈减少趋势，部分区呈增加趋势，还有些区的年干旱指数基本不变，详见表 6-5。

表 6-5　SSP2-4.5 情景下未来每 10 年年干旱指数变化

年份	东北		黄淮海		长江中下游	
	年干旱指数	比前10年	年干旱指数	比前10年	年干旱指数	比前10年
2015—2020	2.03		2.51		1.19	
2021—2030	1.78	−0.24	2.38	−0.13	1.11	−0.08
2031—2040	2.13	0.35	2.41	0.03	1.10	−0.01
2041—2050	1.68	−0.44	2.11	−0.30	1.14	0.05
2051—2060	2.13	0.45	2.11	0.00	1.15	0.01
2061—2070	1.99	−0.14	2.36	0.25	1.21	0.06
2071—2080	1.94	−0.05	2.09	−0.27	1.21	0.00
2081—2090	2.08	0.15	2.13	0.04	1.06	−0.15
2091—2100	1.86	−0.22	2.17	0.05	1.21	0.15
累计变化		−0.17		−0.33		0.03

年份	华南		西南		西北	
	年干旱指数	比前10年	年干旱指数	比前10年	年干旱指数	比前10年
2015—2020	1.49		1.32		2.06	
2021—2030	1.40	−0.09	1.35	0.03	2.28	0.22
2031—2040	1.42	0.02	1.40	0.05	2.04	−0.24
2041—2050	1.31	−0.10	1.30	−0.10	2.08	0.03
2051—2060	1.39	0.08	1.35	0.05	1.93	−0.15
2061—2070	1.58	0.19	1.42	0.07	2.20	0.27
2071—2080	1.42	−0.16	1.30	−0.12	2.04	−0.16
2081—2090	1.44	0.01	1.29	−0.01	1.96	−0.08
2091—2100	1.52	0.08	1.38	0.09	2.27	0.31
累计变化		0.03		0.06		0.21

续 表

年份	内蒙古		新疆		西藏	
	年干旱指数	比前10年	年干旱指数	比前10年	年干旱指数	比前10年
2015—2020	5.22		6.20		0.89	
2021—2030	4.73	−0.49	6.58	0.37	0.94	0.05
2031—2040	4.74	0.01	6.22	−0.36	0.94	0.00
2041—2050	4.55	−0.18	6.74	0.52	0.96	0.02
2051—2060	4.73	0.17	6.92	0.19	0.97	0.01
2061—2070	4.83	0.10	6.80	−0.12	1.04	0.06
2071—2080	4.87	0.04	6.85	0.05	1.02	−0.02
2081—2090	5.12	0.25	6.71	−0.14	0.95	−0.07
2091—2100	4.58	−0.55	7.39	0.68	0.97	0.02
累计变化		−0.64		1.19		0.08

经分析，我国东北、黄淮海和内蒙古地区的年干旱指数变化呈减少趋势，减少幅度在0.64～0.17之间，减少最多的是内蒙古，其次为黄淮海，说明这些区气候干旱程度有所减轻；有两个区的年干旱指数是增加的，分别为新疆增加了1.19，西北增加了0.21，这两个区的气候干旱程度趋于严重；还有四个区的气候干旱情势变化不大，其年干旱指数增加幅度在0.03～0.08之间，跟现状基本持平，分别为长江中下游、华南、西南和西藏地区。

图6-4给出了SSP2-4.5情景下我国未来每10年年干旱指数变化过程。

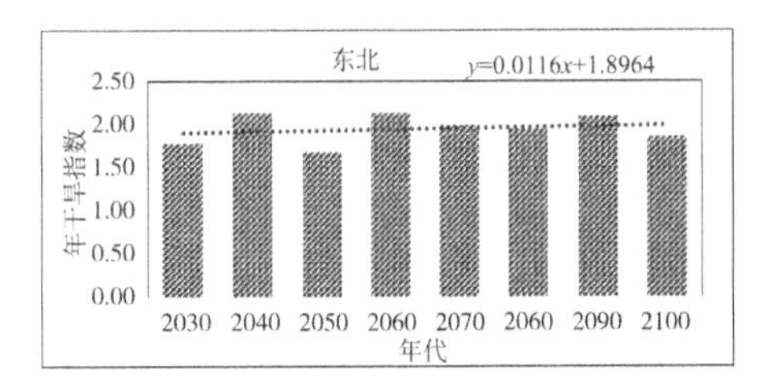

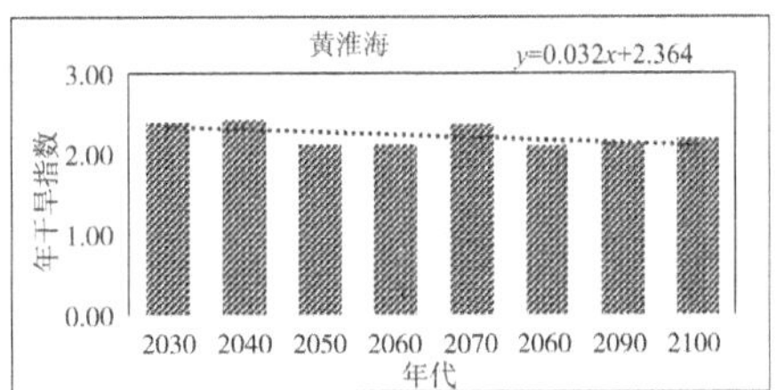

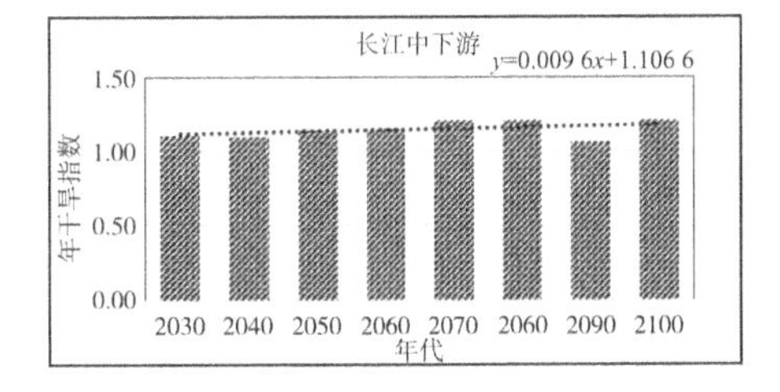

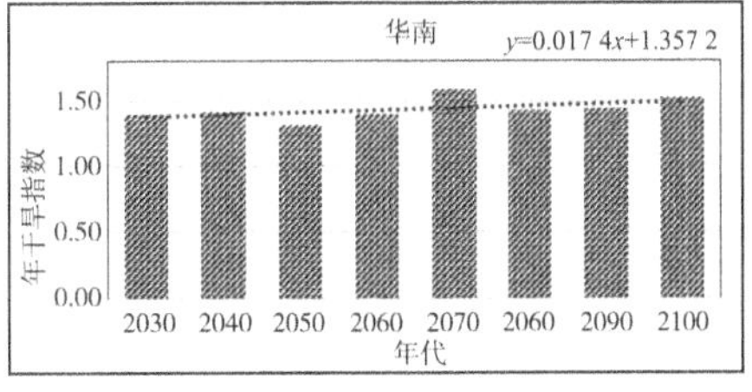

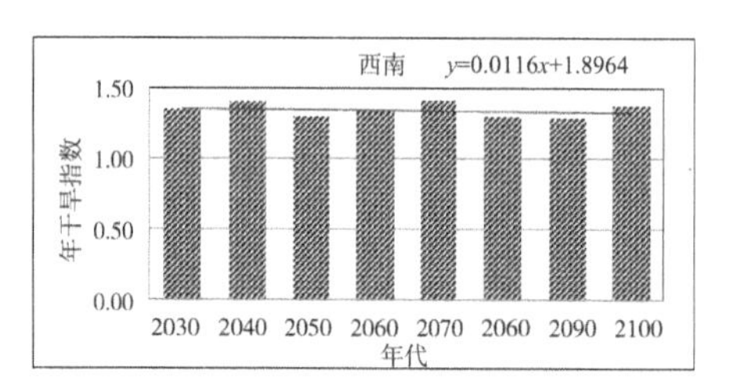

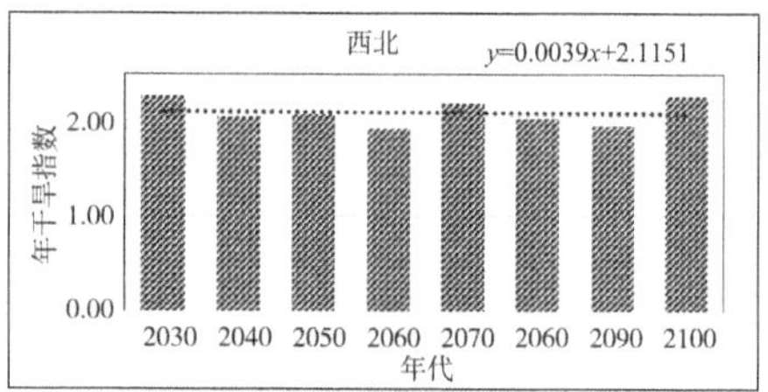

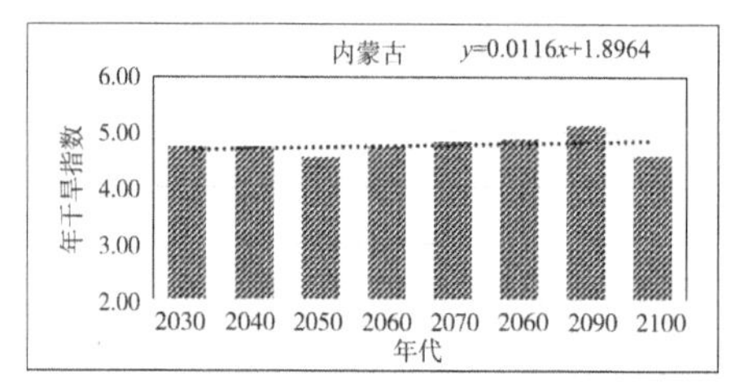

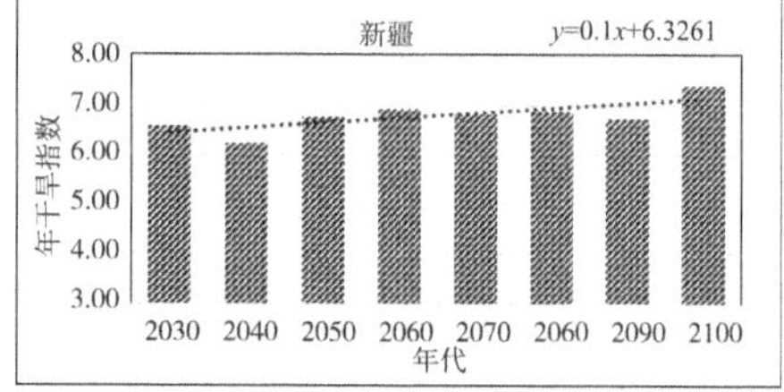

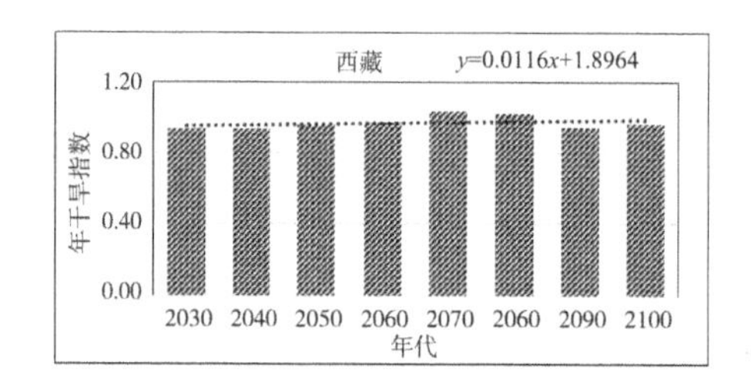

图 6-4 SSP2-4.5 情景下未来每 10 年年干旱指数预测

我国九大区现状、近期、中期、远期年干旱指数变化见表 6-6。

表 6-6 SSP2-4.5 情景下未来不同时期年干旱指数变化

时期	年份	东北		黄淮海		长江中下游	
		年干旱指数	比前期	年干旱指数	比前期	年干旱指数	比前期
现状	2015—2020	2.03		2.51		1.19	
近期	2021—2040	1.95	−0.08	2.40	−0.11	1.10	−0.08
中期	2041—2070	1.93	−0.02	2.19	−0.20	1.17	0.07
远期	2071—2100	1.96	0.03	2.13	−0.06	1.16	−0.01
累计变化			−0.07		−0.38		−0.03

续 表

时期	年份	华南		西南		西北	
		年干旱指数	比前期	年干旱指数	比前期	年干旱指数	比前期
现状	2015—2020	1.49		1.32	0.00	2.06	
近期	2021—2040	1.41	−0.09	1.38	0.06	2.16	0.10
中期	2041—2070	1.43	0.02	1.35	−0.02	2.07	−0.09
远期	2071—2100	1.46	0.03	1.32	−0.03	2.09	0.02
累计变化			−0.03		0.00		0.03
时期	年份	内蒙古		新疆		西藏	
		年干旱指数	比前期	年干旱指数	比前期	年干旱指数	比前期
现状	2015—2020	5.22		6.20		0.89	
近期	2021—2040	4.73	−0.49	6.40	0.19	0.94	0.05
中期	2041—2070	4.70	−0.03	6.82	0.43	0.99	0.05
远期	2071—2100	4.86	0.15	6.98	0.16	0.98	−0.01
累计变化			−0.36		0.78		0.09

未来年干旱指数变化趋势基本反映了未来气候干旱情势变化的趋势。从不同时期气候变化对我国各大区年干旱指数影响来看，我国内蒙古、黄淮海、西南地区未来的气候干旱情势减轻；新疆、西藏和华南地区未来的气候干旱情势有可能加重，而东北、长江中下游和西北地区的气候干旱情势没有较大变化。

经过对各大区的年干旱指数统计，分析得到我国平均年干旱指数现状为2.56，近期为2.48，中期为2.54，远期为2.55，全国平均年干旱指数未来变化量为−0.01。由此可知，在气候变化BCC-CSM2-MR模式的SSP2-4.5情景下，除了个别地区外，我国未来气候干旱总情势变化不大，变化趋势几乎与现状持平。

6.2.2 SSP2-4.5情景下气候变化对我国未来受旱率的影响

利用已经建立的各研究区1980—2020年干旱指数与受旱率的经验关系，预测气候变化条件下我国未来（2021—2100年）各区受旱率，预测结果将不考虑人为因素，仅考虑自然因素变化对受旱率的影响。因西藏地区缺乏历史受旱数据，本书对西藏的受旱率不做预测。

SSP2-4.5 情景下我国各大区的受旱率预测的变化趋势见图 6-5。

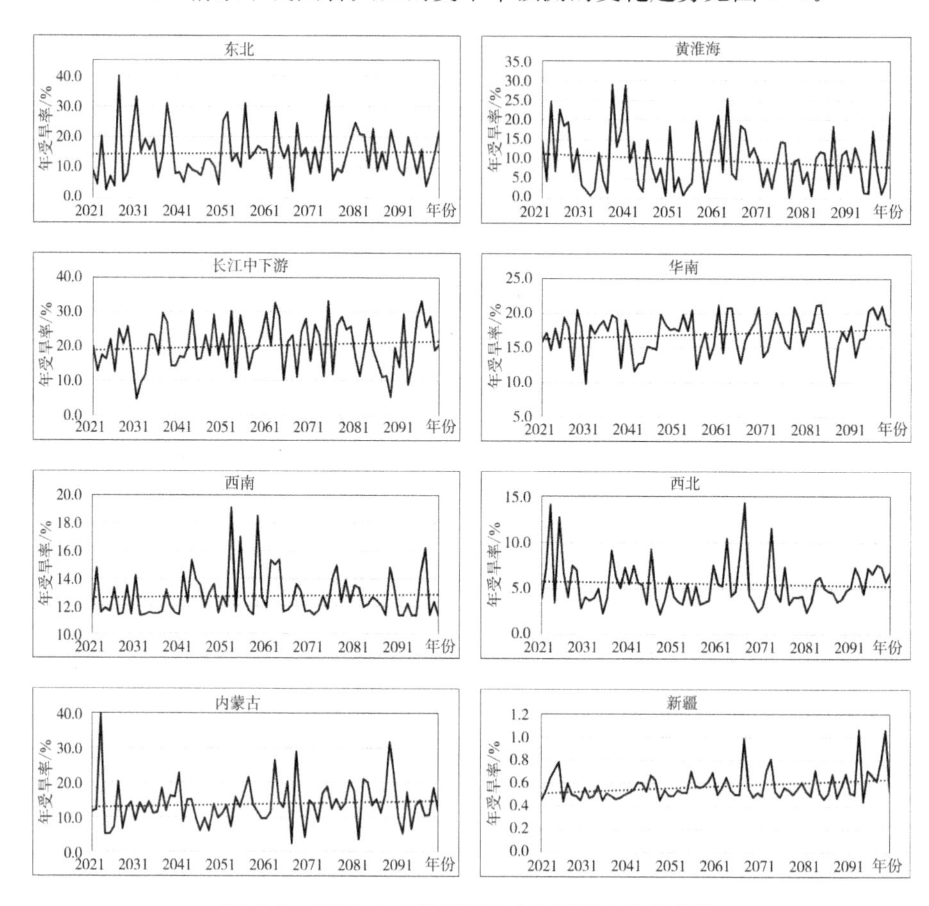

图 6-5　SSP2-4.5 情景下未来年受旱率变化趋势

从图 6-5 可知，黄淮海区受旱率有减少趋势，华南、新疆区受旱率有增加趋势，其他区受旱率变化趋势不明显。

表 6-7 给出了预测的未来每 10 年全国各大区受旱率变化情况。

表 6-7　SSP2-4.5 情景下未来每 10 年年受旱率变化预测　　单位：%

年份	东北		黄淮海		长江中下游	
	年受旱率	比前10年	年受旱率	比前10年	年受旱率	比前10年
2015—2020	17.41		14.57		21.46	
2021—2030	13.28	−4.14	12.03	−2.54	18.87	−2.59
2031—2040	19.10	5.82	10.23	−1.80	17.61	−1.26

续 表

年份	东北		黄淮海		长江中下游	
	年受旱率	比前10年	年受旱率	比前10年	年受旱率	比前10年
2041—2050	9.71	−9.39	6.43	−3.81	20.46	2.85
2051—2060	18.91	9.21	6.52	0.09	20.60	0.13
2061—2070	15.84	−3.07	11.52	5.00	23.00	2.40
2071—2080	15.32	−0.52	6.05	−5.47	22.83	−0.17
2081—2090	18.30	2.98	6.80	0.75	15.77	−7.06
2091—2100	13.25	−5.04	7.87	1.07	22.35	6.59
累计变化		−4.16		−6.70		0.89

年份	华南		西南		西北	
	年受旱率	比前10年	年受旱率	比前10年	年受旱率	比前10年
2015—2020	18.02		12.10		5.17	
2021—2030	16.81	−1.20	12.23	0.14	6.97	1.80
2031—2040	16.98	0.17	11.96	−0.27	5.08	−1.89
2041—2050	15.44	−1.54	13.09	1.13	5.32	0.23
2051—2060	16.62	1.18	13.91	0.82	4.32	−1.00
2061—2070	17.89	1.27	13.15	−0.77	6.39	2.07
2071—2080	17.05	−0.85	12.67	−0.47	5.11	−1.28
2081—2090	16.70	−0.35	12.77	0.09	4.46	−0.65
2091—2100	18.31	1.61	12.32	−0.44	6.45	1.99
累计变化		0.29		0.22		1.27

年份	内蒙古		新疆	
	年受旱率	比前10年	年受旱率	比前10年
2015—2020	18.01		0.53	
2021—2030	13.49	−4.52	0.57	0.04
2031—2040	13.37	−0.13	0.53	−0.04
2041—2050	11.68	−1.69	0.58	0.05
2051—2060	13.31	1.64	0.60	0.02

续 表

年份	内蒙古		新疆	
	年受旱率	比前10年	年受旱率	比前10年
2061—2070	14.39	1.07	0.59	−0.01
2071—2080	14.66	0.27	0.59	0.00
2081—2090	17.18	2.52	0.58	−0.01
2091—2100	11.86	−5.32	0.65	0.07
累计变化		−6.16		0.12

从表6-7可知，在气候变化条件下，未来八个大区年受旱率与现状相比，到预测期最后的10年(2091—2100年)，年受旱率增加的有西北，为1.27%；年受旱率减少的有3个区，分别是东北、黄淮海和内蒙古，变幅为−3.23%、−6.70%、−6.16%；另外4个区的年受旱率变幅都在1.0%以下，分别为长江中下游0.89%、华南0.29%、西南0.22%、新疆0.12%。

图6-6给出了未来每10年八大区年受旱率变化过程。

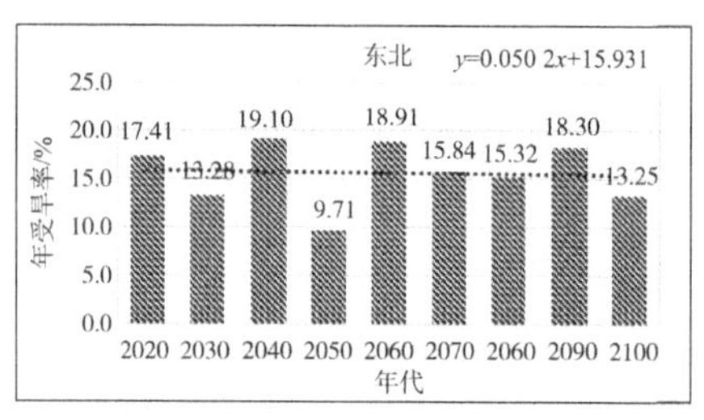

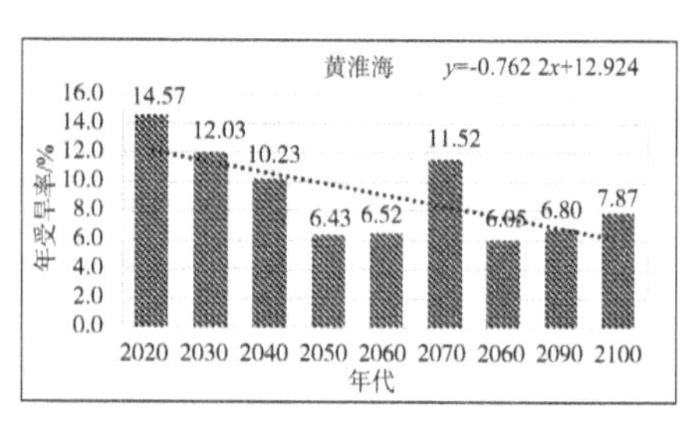

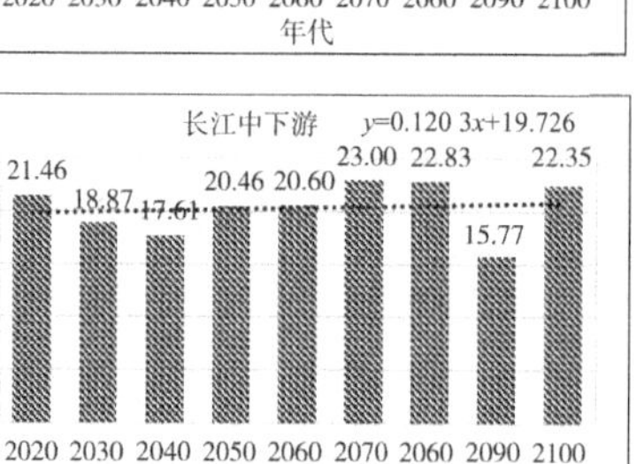

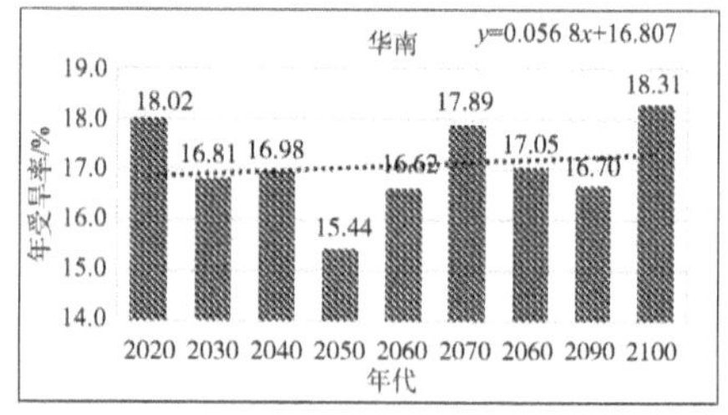

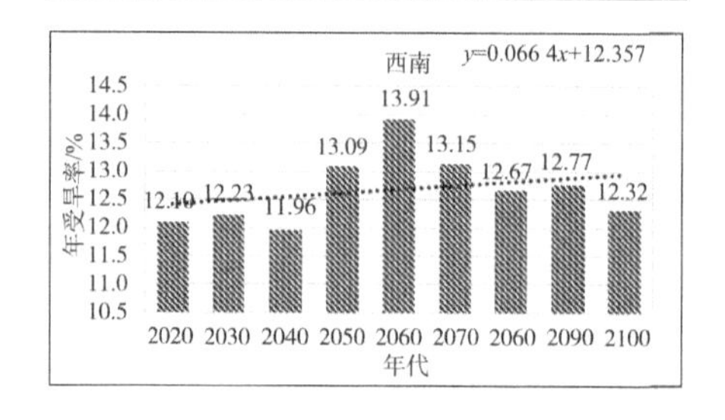

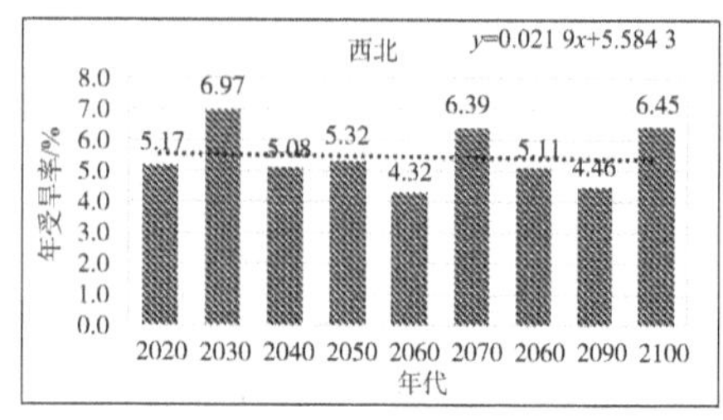

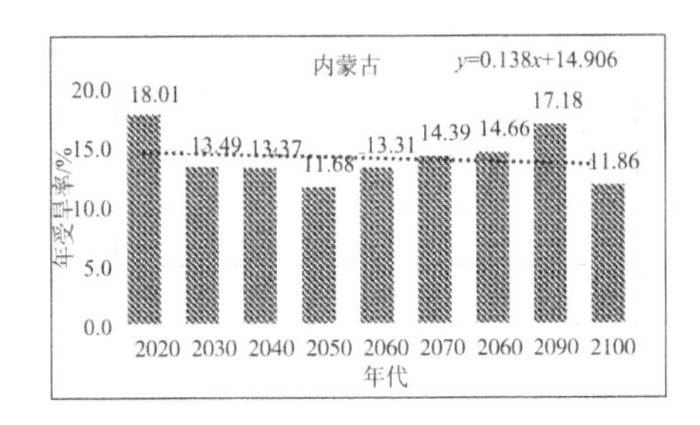

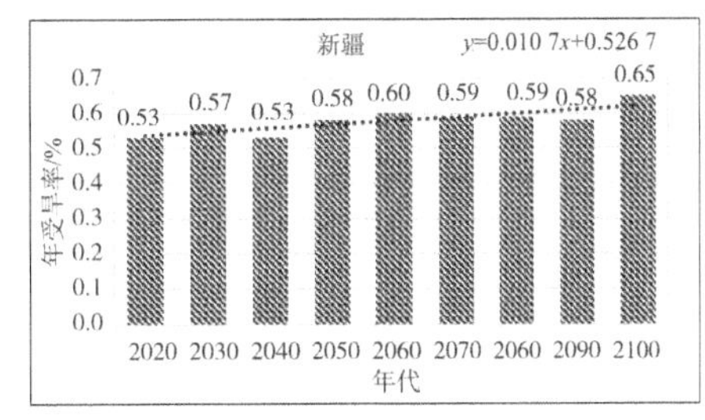

图 6-6　SSP2-4.5 情景下未来每 10 年年受旱率变化过程

根据各大区受旱率的近期、中期、远期的预测变化见表 6-8。

表 6-8　SSP2-4.5 情景下未来不同时期年受旱率变化　　单位：%

时期	年份	东北		黄淮海		长江中下游	
		年受旱率	比前期	年受旱率	比前期	年受旱率	比前期
现状	2015—2020	17.41		14.57		21.46	
近期	2021—2040	16.19	−1.23	11.13	−3.44	18.24	−3.22
中期	2041—2070	14.82	−1.37	8.15	−2.97	21.35	3.11
远期	2071—2100	15.62	0.80	6.91	−1.25	20.32	−1.04
累计变化			−1.79		−7.66		−1.14

时期	年份	华南		西南		西北	
		年受旱率	比前期	年受旱率	比前期	年受旱率	比前期
现状	2015—2020	18.02		12.10		5.17	
近期	2021—2040	16.90	−1.12	12.10	0.00	6.03	0.86
中期	2041—2070	16.65	−0.24	13.38	1.29	5.34	−0.69
远期	2071—2100	17.35	0.70	12.59	−0.80	5.34	0.00
累计变化			−0.67		0.49		0.17

时期	年份	内蒙古		新疆	
		年受旱率	比前期	年受旱率	比前期
现状	2015—2020	18.01		0.53	
近期	2021—2040	13.43	−4.58	0.55	0.02
中期	2041—2070	13.12	−0.31	0.59	0.04
远期	2071—2100	14.56	1.44	0.61	0.02
累计变化			−3.45		0.08

与现状相比，在未来近期(2021—2040 年)，我国西北年受旱率增加 0.86%，西南和新疆年受旱率变化不大，分别为 0.00%、0.02%；其他区年受旱率都是减少的，变化值范围是 1.23%～4.58%。按年受旱率减少的百分比由大到小排列，依次是内蒙古、黄淮海、长江中下游和华南。

与近期相比，在未来中期(2041—2070)，长江中下游和西南的年受旱率有明显增加，分别增加了 3.11%、1.29%；黄淮海、东北的年受旱率在减少，分别为 −2.97% 和 −1.37%；而新疆、华南、西北和内蒙古的年受旱率变化不大，分别是0.04%、−0.24%、−0.69%和−0.31%。

与中期相比，在未来远期(2071—2100)，我国中东部地区包括黄淮海、长江中下游和西南的年受旱率是在减少的，西北的年受旱率没有变化，东北、华南、内蒙古的年受旱率是增加的，但是各个大区的变化量都不超过±1.5%。

总的看来，在 BCC 气候变化模式 SSP2-4.5 情景下，我国黄淮海、内蒙古未来受旱率都是大幅减少的，旱情有减轻趋势，东北、长江中下游、华南、西南、西北和新疆未来受旱率变化量都不大，变化趋势不明显，旱情基本维持现状。

6.3 SSP5-8.5 情景下气候变化对我国未来干旱情势的影响

6.3.1 SSP5-8.5 情景下气候变化对我国未来气候干旱的影响

通过分析和计算，得到了在 SSP5-8.5 情景下，我国九个区气候干旱情势在未来(2021—2100 年)的变化趋势，见图 6-7。

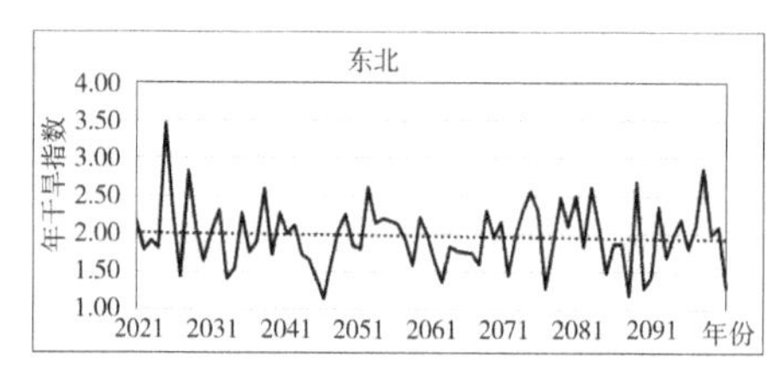

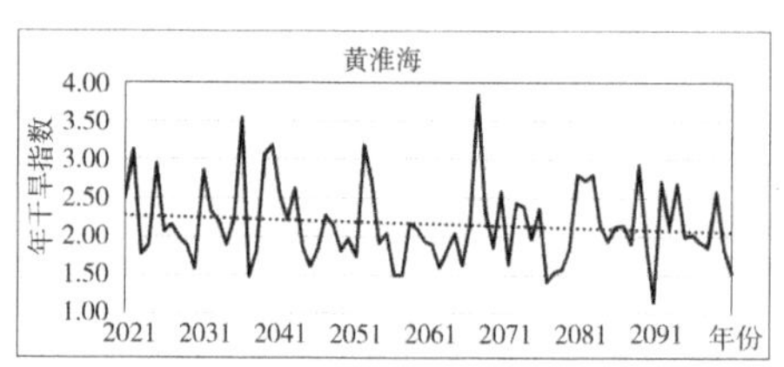

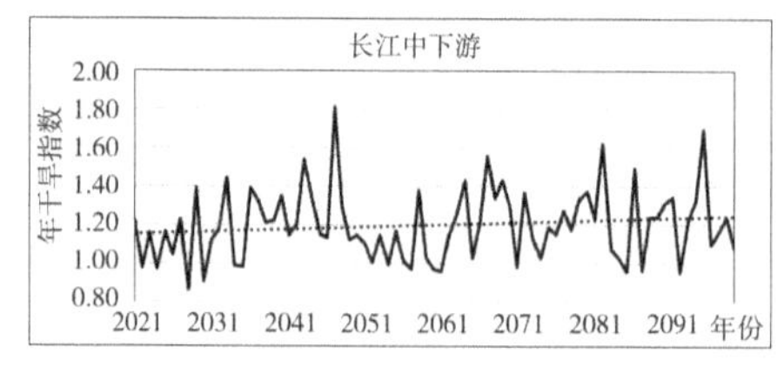

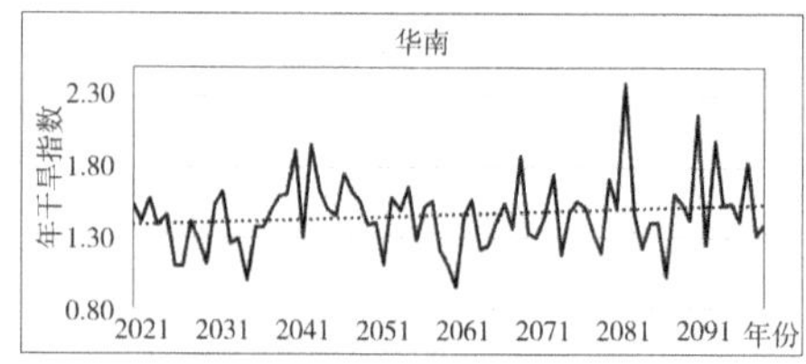

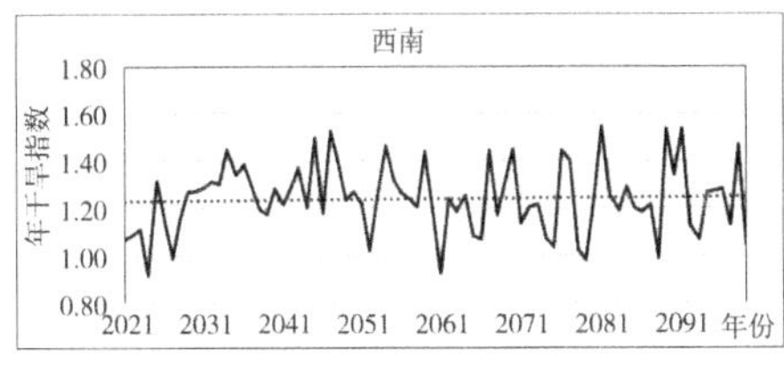

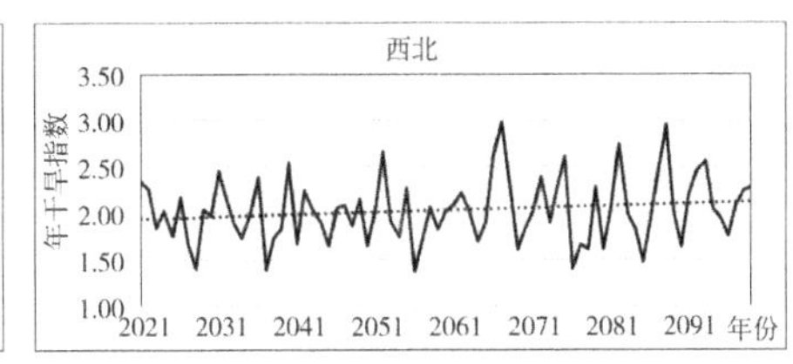

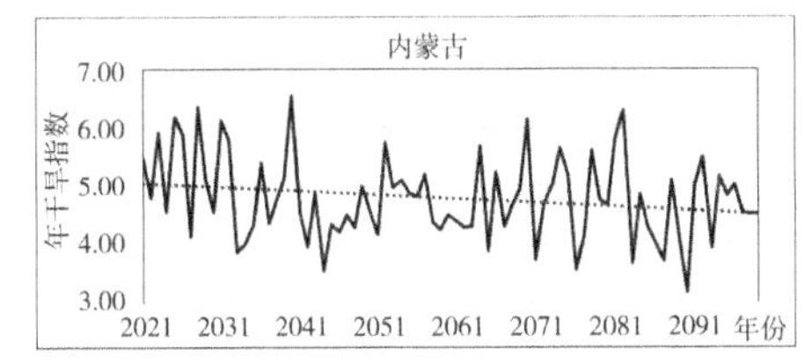

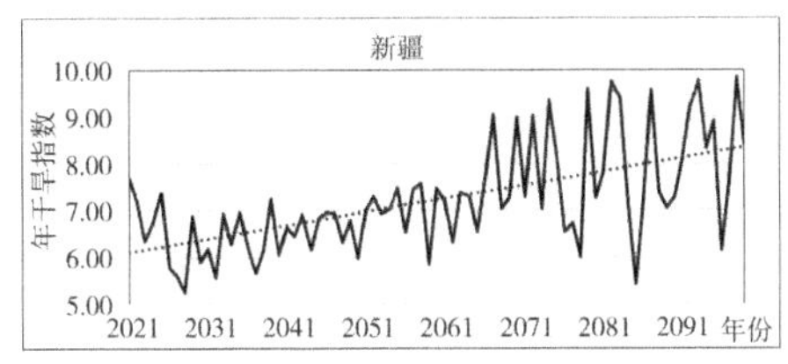

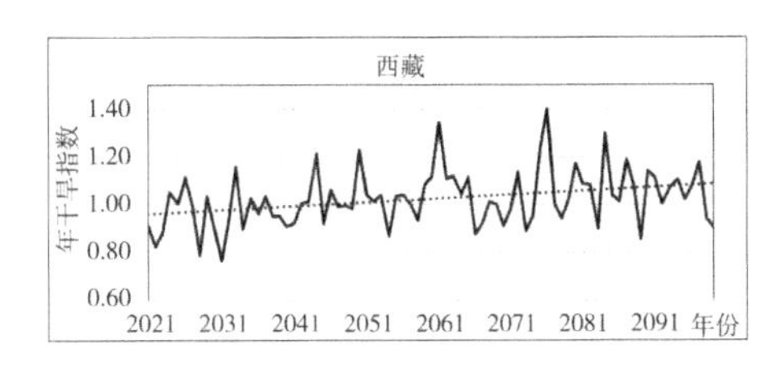

图 6-7 SSP5-8.5 情景下未来年干旱指数趋势

从图 6-7 来看，受气温和降水量变化影响，我国未来年干旱指数变化在部分区呈现增长趋势，在部分区呈现减少趋势，还有的区变化很小。表 6-9 给出了在 SSP5-8.5 情景下我国九个区在未来每 10 年的年干旱指数变化。

表 6-9 SSP5-8.5 情景下未来每 10 年年干旱指数变化

年份	东北		黄淮海		长江中下游	
	年干旱指数	比前10年	年干旱指数	比前10年	年干旱指数	比前10年
2015—2020	2.33		2.09		1.16	
2021—2030	2.15	−0.18	2.20	0.11	1.09	−0.06
2031—2040	1.99	−0.16	2.46	0.27	1.22	0.13
2041—2050	1.79	−0.20	2.10	−0.37	1.29	0.07
2051—2060	2.08	0.29	2.09	−0.01	1.08	−0.21
2061—2070	1.82	−0.26	2.18	0.09	1.27	0.19
2071—2080	2.08	0.26	2.00	−0.18	1.20	−0.07

续　表

年份	东北		黄淮海		长江中下游	
	年干旱指数	比前10年	年干旱指数	比前10年	年干旱指数	比前10年
2081—2090	1.84	−0.24	2.18	0.18	1.22	0.02
2091—2100	2.04	0.20	2.13	−0.05	1.23	0.01
累计变化		−0.29		0.04		0.07

年份	华南		西南		西北	
	年干旱指数	比前10年	年干旱指数	比前10年	年干旱指数	比前10年
2015—2020	1.36		1.32		1.87	
2021—2030	1.34	−0.02	1.14	−0.19	1.95	0.08
2031—2040	1.41	0.07	1.30	0.17	2.01	0.06
2041—2050	1.61	0.20	1.32	0.01	1.93	−0.08
2051—2060	1.39	−0.22	1.26	−0.06	1.96	0.03
2061—2070	1.39	0.00	1.21	−0.05	2.13	0.17
2071—2080	1.44	0.05	1.18	−0.04	1.98	−0.15
2081—2090	1.50	0.06	1.28	0.10	2.11	0.13
2091—2100	1.59	0.08	1.25	−0.03	2.20	0.09
累计变化		0.22		−0.08		0.33

年份	内蒙古		新疆		西藏	
	年干旱指数	比前10年	年干旱指数	比前10年	年干旱指数	比前10年
2015—2020	5.08		6.18		0.88	
2021—2030	5.30	0.22	6.47	0.29	0.95	0.08
2031—2040	5.03	−0.27	6.32	−0.15	0.96	0.01
2041—2050	4.39	−0.64	6.60	0.28	1.04	0.08
2051—2060	4.81	0.42	7.07	0.47	1.02	−0.02
2061—2070	4.79	−0.02	7.48	0.41	1.05	0.03
2071—2080	4.71	−0.08	7.70	0.22	1.08	0.03
2081—2090	4.52	−0.19	7.81	0.10	1.07	−0.00

续 表

年份	内蒙古		新疆		西藏	
	年干旱指数	比前10年	年干旱指数	比前10年	年干旱指数	比前10年
2091—2100	4.74	0.23	8.54	0.73	1.06	−0.01
累计变化		−0.34		2.36		0.18

从表6-9可知，全国有4个区的年干旱指数出现增长趋势，变化量在0.18～2.36之间，分别为新疆、西北、华南和西藏，年干旱指数变化最大的是新疆，增加了2.36，其次为西北，增加了0.33，年干旱指数增加说明了这些区域的气候干旱程度会增加；有2个区年干旱指数是减少的，分别为内蒙古和东北，年干旱指数分别减少了0.34和0.29，说明这两个区域的气候干旱现象在减轻；还有3个区年干旱指数变化量为−0.08～0.04之间，分别为黄淮海、长江中下游和西南，年干旱指数的变化量分别为0.04、0.07、−0.08，说明这3个区的气候干旱现象与现状相比变化不大。

图6-8给出了我国九个区未来每10年年干旱指数变化过程。

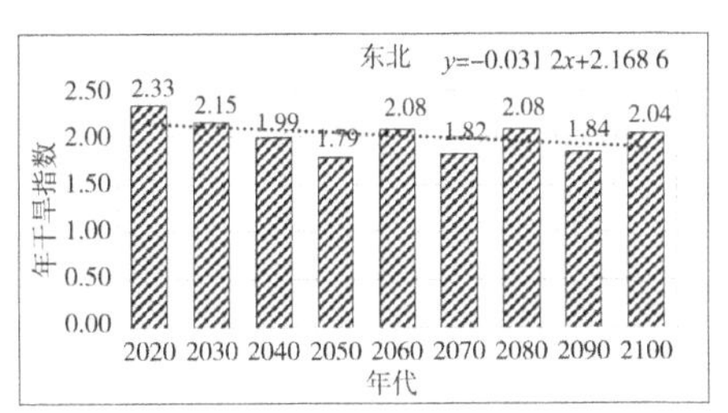

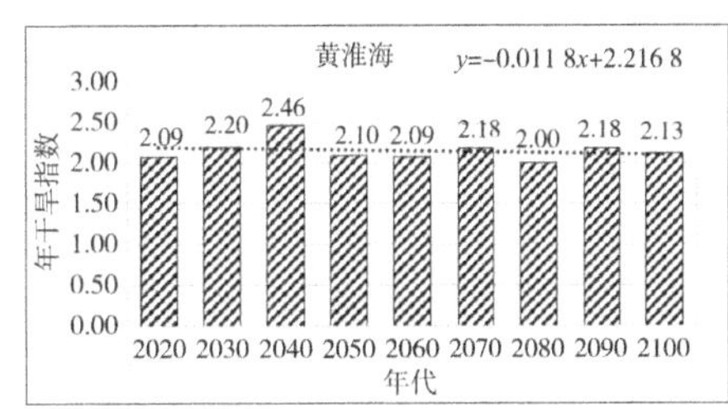

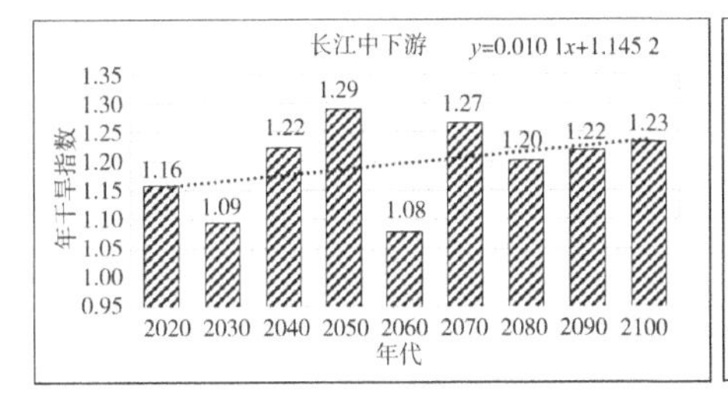

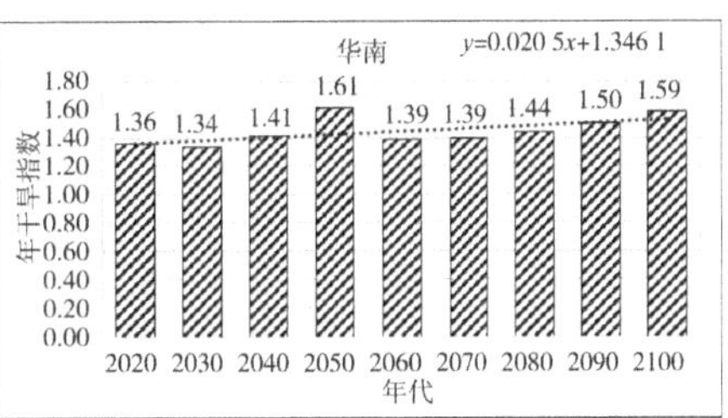

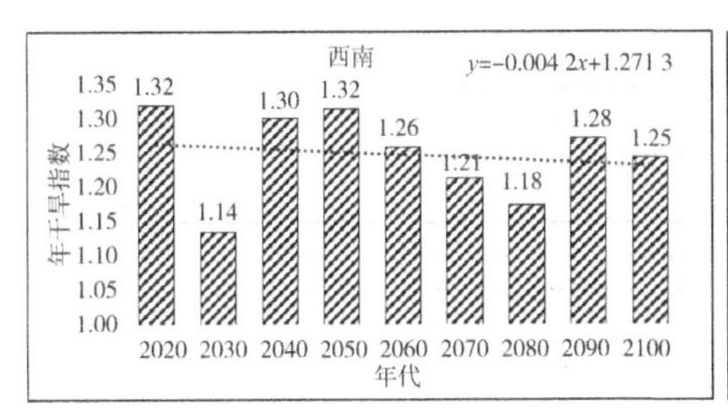

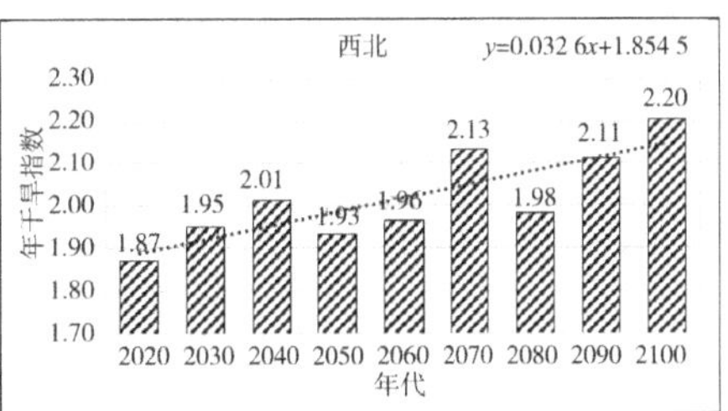

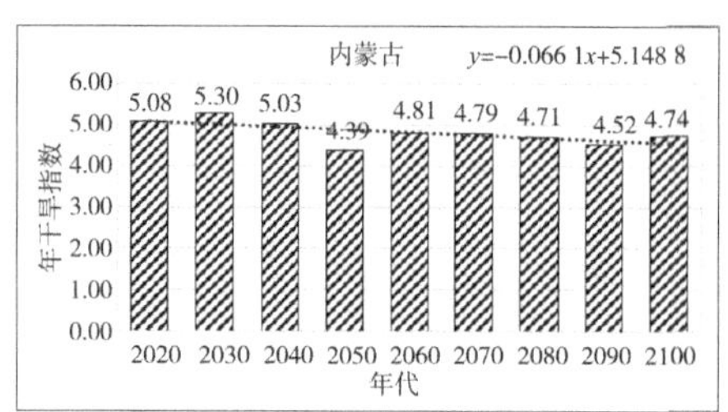

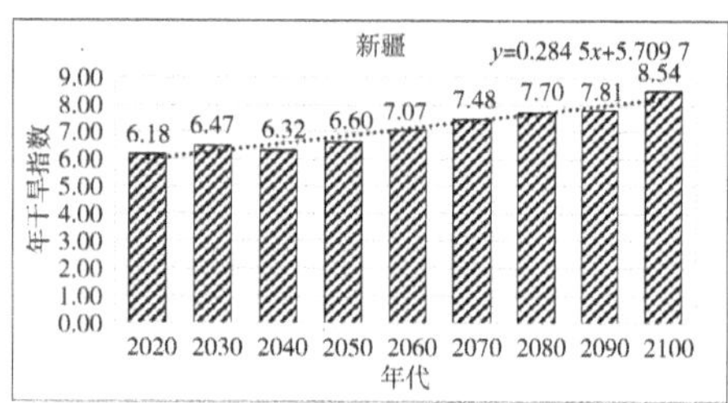

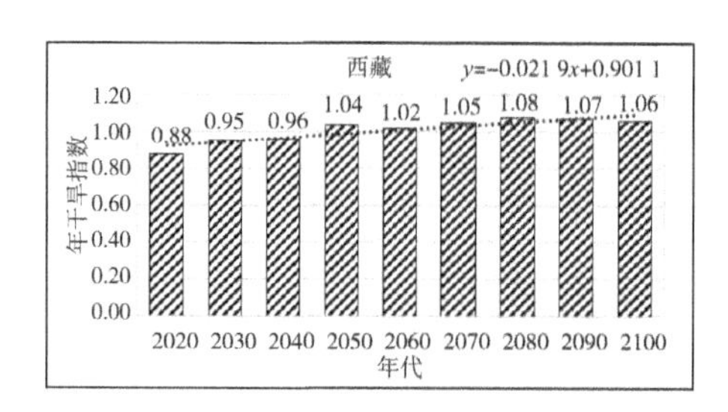

图 6-8　SSP5-8.5 情景下未来每 10 年年干旱指数变化过程

我国九大区现状、近期、中期、远期的年干旱指数变化见表 6-10。

表 6-10　SSP5-8.5 情景下未来不同时期年干旱指数变化

时期	年份	东北		黄淮海		长江中下游	
		年干旱指数	比前期	年干旱指数	比前期	年干旱指数	比前期
现状	2015—2020	2.33		2.09		1.16	
近期	2021—2040	2.13	1.48	2.27	−0.11	1.16	−0.08
中期	2041—2070	1.89	−1.62	2.12	−0.20	1.20	0.07
远期	2071—2100	1.99	0.04	2.10	−0.06	1.23	−0.01
累计变化			−0.10		−0.38		−0.03

时期	年份	华南		西南		西北	
		年干旱指数	比前期	年干旱指数	比前期	年干旱指数	比前期
现状	2015—2020	1.36		1.32		1.87	
近期	2021—2040	1.37	−0.09	1.24	0.06	1.96	0.10
中期	2041—2070	1.43	0.02	1.26	−0.02	2.02	−0.09
远期	2071—2100	1.52	0.03	1.24	−0.03	2.09	0.02
累计变化			−0.03		0.00		0.03

续 表

时期	年份	内蒙古		新疆		西藏	
		年干旱指数	比前期	年干旱指数	比前期	年干旱指数	比前期
现状	2015—2020	5.08		6.18		0.88	
近期	2021—2040	5.15	−0.49	6.35	0.19	0.94	0.05
中期	2041—2070	4.73	−0.03	7.13	0.43	1.03	0.05
远期	2071—2100	4.64	0.15	7.99	0.16	1.08	−0.01
累计变化			−0.36		0.78		0.09

在 SSP5-8.5 情景下，到 2100 年，我国的西部，即新疆、西北、西藏的气候干旱现象会趋于严重，而在我国的东北部，包括内蒙古、东北、黄淮海气候干旱现象会减轻，西南、长江中下游和华南的气候干旱现象与现状基本持平。

经过对各大区的年干旱指数统计，分析得到 SSP5-8.5 情景下我国平均年干旱指数现状为 2.48，近期为 2.50，中期为 2.54，远期为 2.67，全国平均年干旱指数未来是增加的，变化量为 0.19。由此可知，在气候变化 BCC-CSM2-MR 模式的 SSP5-8.5 情景下，我国未来气候干旱总情势有所加重。

6.3.2 SSP5-8.5 情景下气候变化对我国未来受旱率的影响

利用已经建立的我国各大区年干旱指数与年受旱率的经验关系，对我国在气候变化条件下，未来各区的区域受旱率可能的变化进行计算预测，预测结果将不考虑人为因素影响，仅考虑自然因素变化对受旱率的影响。

考虑到西藏地区缺乏历史受旱数据，因此本书对西藏的受旱率不做预测。

在气候变化的 SSP5-8.5 情景下，受年干旱指数的影响，我国各大区的年受旱率预测的变化趋势见图 6-9。

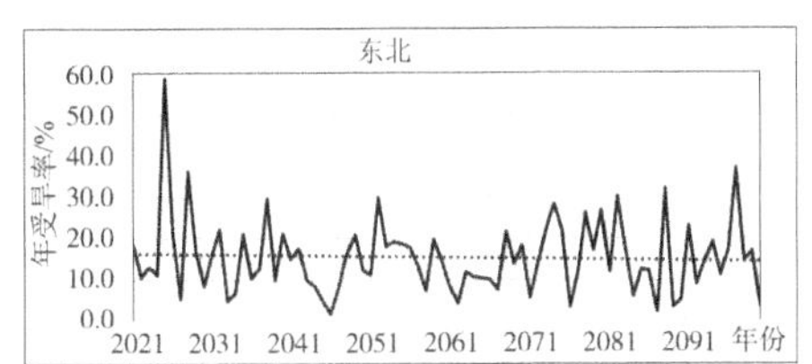

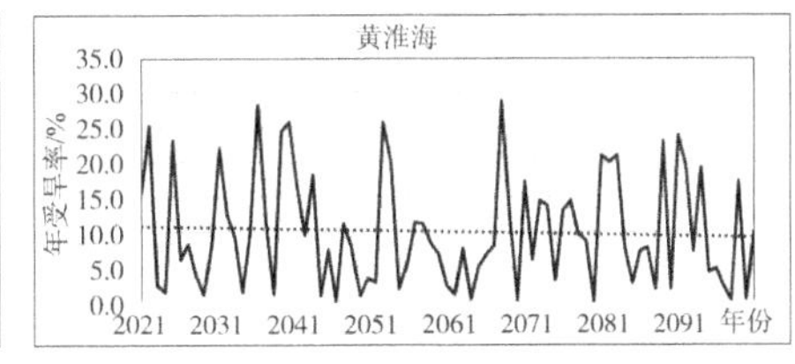

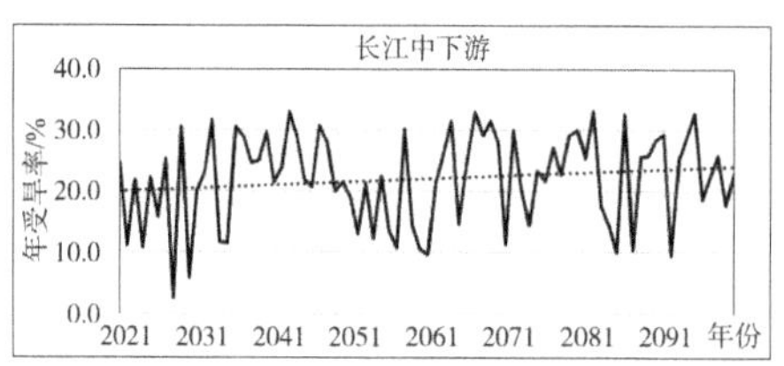

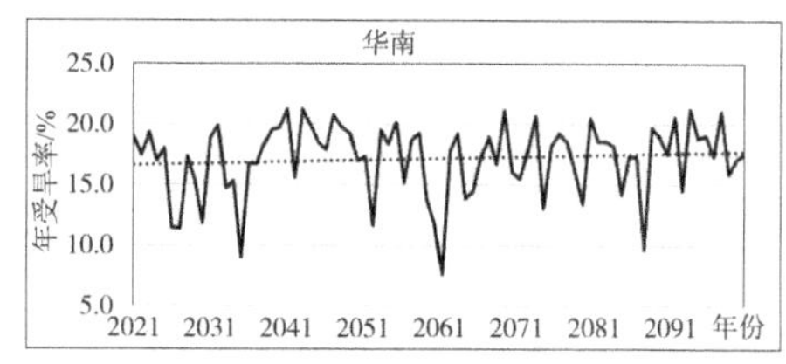

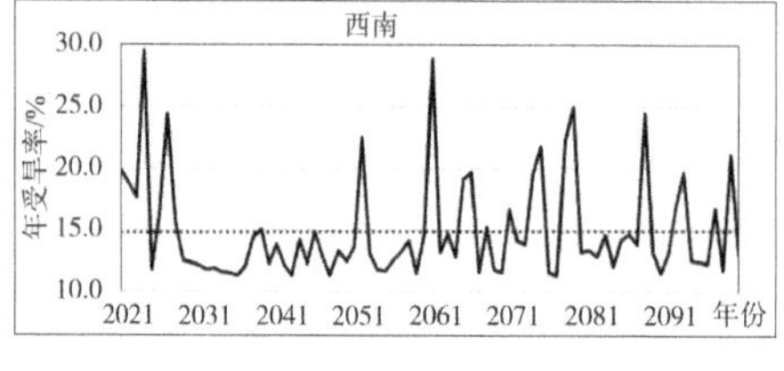

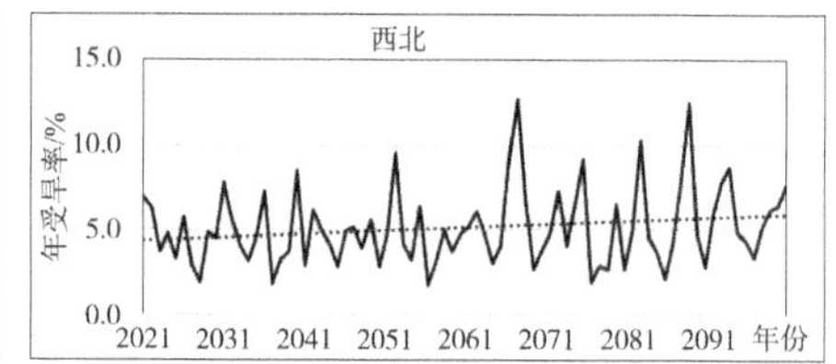

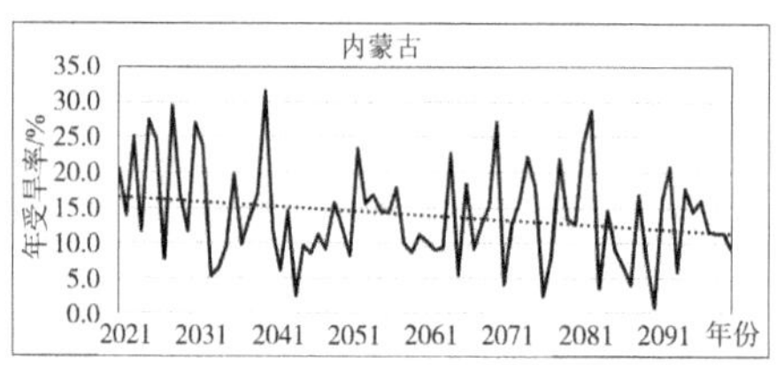

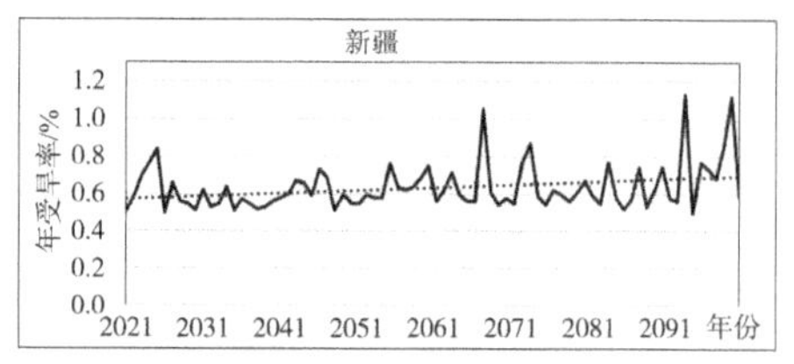

图 6-9　SSP5-8.5 情景下未来年受旱率变化趋势

从图 6-9 看出，在 SSP5-8.5 情景下，未来我国八个大区中有三个区的受旱率呈下降趋势，分别为东北、黄淮海、内蒙古；有三个区的受旱率呈上升趋势，为长江中下游、华南、西北；区域受旱率变化趋势不明显的是西南和新疆。

新疆的年干旱指数增加，受旱率也随之变化，但是变化幅度很小。这个特点在前面的分析中也可以看到，考虑到新疆农业灌溉水的来源主要是融雪，而融雪的多少直接关系到新疆受旱率变化，因此，气温增加对新疆受旱率的变化有直接的影响。

表 6-11 给出了未来每 10 年八大区年受旱率的变化。

表 6-11　SSP5-8.5 情景下未来每 10 年年受旱率变化　　　单位：%

年份	东北		黄淮海		长江中下游	
	年受旱率	比前10年	年受旱率	比前10年	年受旱率	比前10年
2015—2020	24.00		4.97		20.29	
2021—2030	20.08	−3.92	7.42	2.46	17.07	−3.22
2031—2040	15.47	−4.61	12.11	4.69	23.67	6.59

续 表

年份	东北		黄淮海		长江中下游	
	年受旱率	比前10年	年受旱率	比前10年	年受旱率	比前10年
2041—2050	11.42	−4.05	5.96	−6.15	25.02	1.36
2051—2060	16.96	5.54	4.55	−1.41	16.79	−8.23
2061—2070	11.73	−5.23	5.83	1.28	24.96	8.17
2071—2080	17.69	5.96	2.67	−3.16	23.05	−1.90
2081—2090	13.28	−4.41	6.96	4.29	22.35	−0.70
2091—2100	16.62	3.34	6.45	−0.51	23.31	0.96
累计变化		−7.38		1.48		3.02

年份	华南		西南		西北	
	年受旱率	比前10年	年受旱率	比前10年	年受旱率	比前10年
2015—2020	15.79		14.74		4.05	
2021—2030	15.81	0.02	17.89	3.15	4.51	0.45
2031—2040	16.90	1.09	12.41	−5.48	4.98	0.47
2041—2050	19.14	2.24	12.88	0.47	4.33	−0.64
2051—2060	16.58	−2.56	13.90	1.01	4.66	0.33
2061—2070	16.35	−0.23	15.88	1.98	5.84	1.18
2071—2080	17.31	0.97	16.96	1.08	4.86	−0.98
2081—2090	17.02	−0.30	14.48	−2.48	5.80	0.94
2091—2100	18.34	1.33	14.99	0.50	6.06	0.26
累计变化		2.56		0.25		2.01

年份	内蒙古		新疆	
	年受旱率	比前10年	年受旱率	比前10年
2015—2020	16.71		0.53	
2021—2030	18.95	2.24	0.56	0.03
2031—2040	16.37	−2.58	0.54	−0.02
2041—2050	10.12	−6.25	0.57	0.02
2051—2060	14.08	3.96	0.61	0.05

续 表

年份	内蒙古		新疆	
	年受旱率	比前 10 年	年受旱率	比前 10 年
2061—2070	13.94	−0.14	0.66	0.05
2071—2080	13.17	−0.77	0.69	0.03
2081—2090	11.47	−1.70	0.70	0.01
2091—2100	13.44	1.98	0.78	0.08
累计变化		−3.30		0.25

从表 6-11 可知，在 SSP5-8.5 情景下，未来八个大区的年受旱率变化与现状相比，年受旱率增加的有长江中下游、华南、西北、黄淮海、西南和新疆，分别增加了 3.02%、2.56%、2.01%、1.48%、0.25%和0.25%；年受旱率减少的是东北、内蒙古，分别减少 7.38%、3.30%。

图 6-10 给出了未来每 10 年八大区年受旱率变化过程。

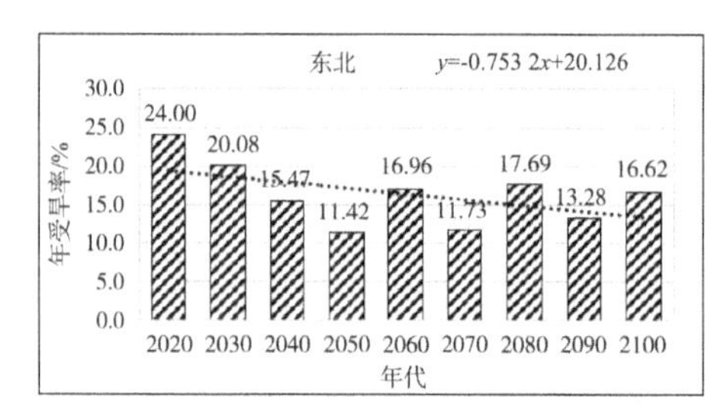

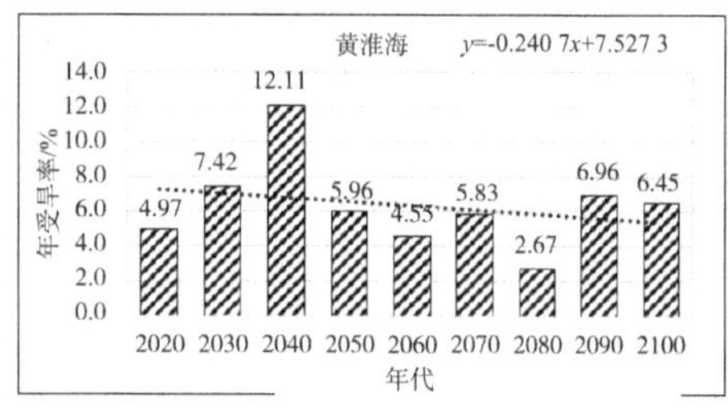

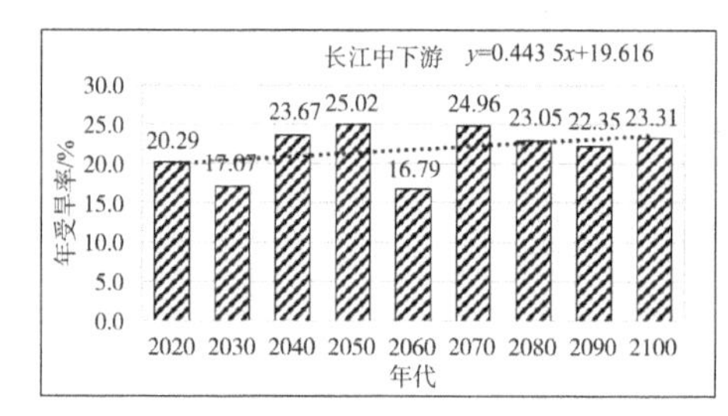

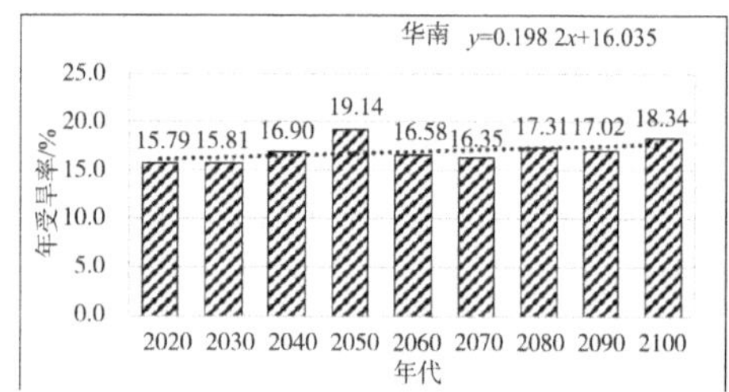

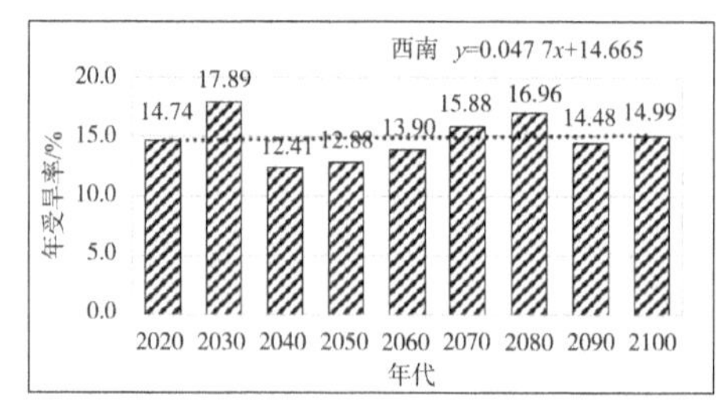

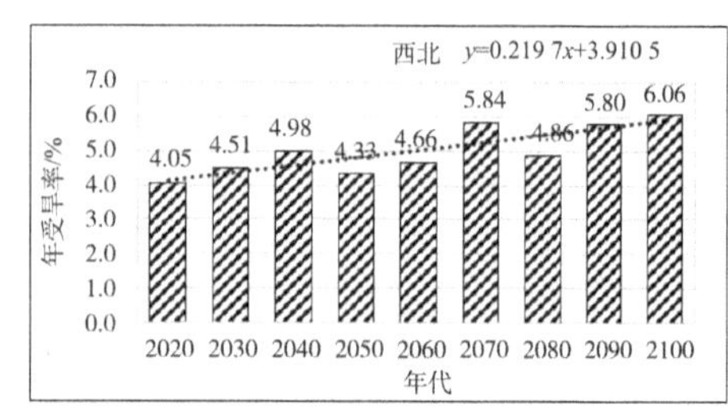

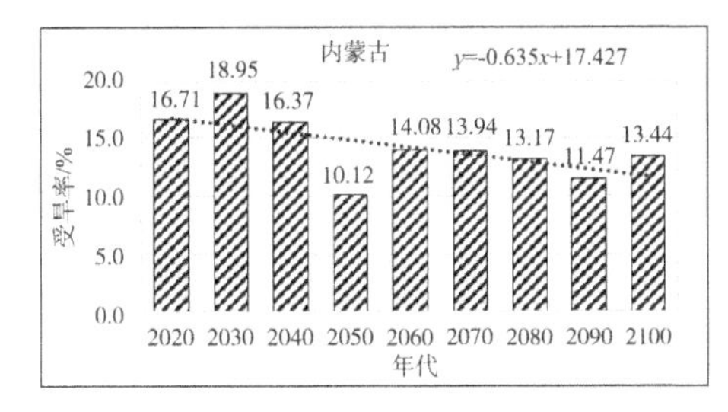

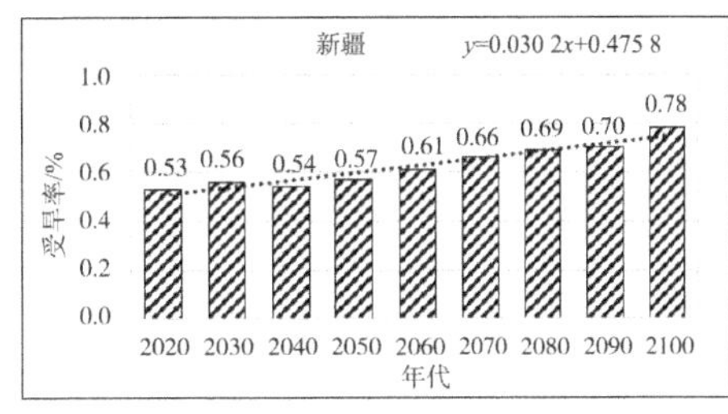

图 6-10 SSP5-8.5 情景下未来每 10 年年受旱率变化

根据各大区受旱率的近期、中期、远期的预测变化，分析我国受旱率未来不同时期的变化，见表 6-12。

表 6-12 SSP5-8.5 情景下未来不同时期年受旱率变化 单位：%

时期	年份	东北		黄淮海		长江中下游	
		年受旱率	比前期	年受旱率	比前期	年受旱率	比前期
现状	2015—2020	24.00		4.97		20.29	
近期	2021—2040	17.78	−6.22	11.11	6.14	20.37	0.08
中期	2041—2070	13.37	−4.41	5.44	−5.67	22.26	1.89
远期	2071—2100	15.86	2.49	5.36	−0.08	22.90	0.65
累计变化			−8.14		0.40		2.61

时期	年份	华南		西南		西北	
		年受旱率	比前期	年受旱率	比前期	年受旱率	比前期
现状	2015—2020	15.79		14.74		4.05	
近期	2021—2040	16.35	0.56	15.15	0.42	4.74	0.69
中期	2041—2070	17.35	1.00	14.22	−0.93	4.94	0.20
远期	2071—2100	17.56	0.20	15.48	1.26	5.57	0.63
累计变化			1.77		0.74		1.52

时期	年份	内蒙古		新疆	
		年受旱率	比前期	年受旱率	比前期
现状	2015—2020	16.71		0.53	
近期	2021—2040	17.66	0.95	0.55	0.02

续 表

时期	年份	内蒙古		新疆	
		年受旱率	比前期	年受旱率	比前期
中期	2041—2070	12.71	−4.95	0.61	0.06
远期	2071—2100	12.69	−0.02	0.72	0.11
累计变化			−4.02		0.19

与现状相比，在未来近期（2021—2040年），我国东北的年受旱率减少了6.22%，黄淮海增加了6.14%，而长江中下游、华南、西南、西北、内蒙古和新疆的年受旱率变化很小，变化量<1%。

与近期相比，在未来中期（2041—2070年），长江中下游和华南的年受旱率是增加的，分别增加了1.89%和1.00%；黄淮海、内蒙古、东北的年受旱率在减少，分别减少了5.67%、4.95%、4.41%，而西南、西北和新疆的年受旱率变化不大，变化量<±1%。

与中期相比，在未来远期（2071—2100年），我国东北、西南年受旱率是增加的，分别为2.49%、1.26%，黄淮海、长江中下游、华南、西北、内蒙古和新疆的年受旱率变化很小，变化量≤±0.65%。

总的看来，在BCC气候变化模式SSP5-8.5情景下，东北、黄淮海、内蒙古年受旱率变化呈减少趋势，长江中下游、华南和西北年受旱率变化呈增加趋势，西南和新疆年受旱率的变化基本平稳，旱情与现状基本持平。

第七章
气候变化情景下我国未来干旱的新格局与演变特征

本书以形成我国干旱的自然条件、特点和空间分布为主线，从形成干旱的气候背景和自然地理特征出发，研究了我国干旱现状的空间分布格局，本书研究采用了CMIP6的BCC-CSM2-MR模式输出的SSP2-4.5情景和SSP5-8.5情景下2015—2100年的逐月降水和气温数据，对我国未来降水、气温可能的变化进行了分析，探究了气候变化背景下我国干旱情势的变化趋势及空间分布格局的特征。

7.1　气候变化情景下我国未来气象因子变化趋势

7.1.1　气候变化情景下我国未来气温变化

SSP2-4.5情景下每10年年均温度增长速度在0～0.8℃之间，到2100年各大区气温增长幅度为2.0～3.0℃；在SSP5-8.5情景下每10年年均温度增长为0～1.2℃之间，到2100年各大区气温增长幅度为3.6～5.2℃。由此可知，SSP5-8.5情景下每10年年平均温度增长速度和气温变化幅度明显要高于SSP2-4.5情景下，并且九个区都是东北气温增长幅度最大、华南气温增长幅度最少。

总的来说，未来气候变化条件下，我国各大区年均气温都是在增长的。其中，SSP2-4.5情景下，我国东北、西北、黄淮海、新疆、内蒙古地区的气温变化率都在每10年变化0.3～0.4℃，而西藏、华南、西南、长江中下游的气温变化率在每10年变化0.25～0.3℃。在SS5-8.5情景下，我国的东北、西北、西藏、内蒙古、新疆的气温变化率在每10年变化0.53～0.70℃，而黄淮海、长江中下游、西南和华南的气温变化率在每10年变化0.46～0.53℃，这两个情景下都是北方升温速度较南方升温速度要快。

图 7-1 给出了两种气候变化情景下我国未来气温变化趋势对比图。

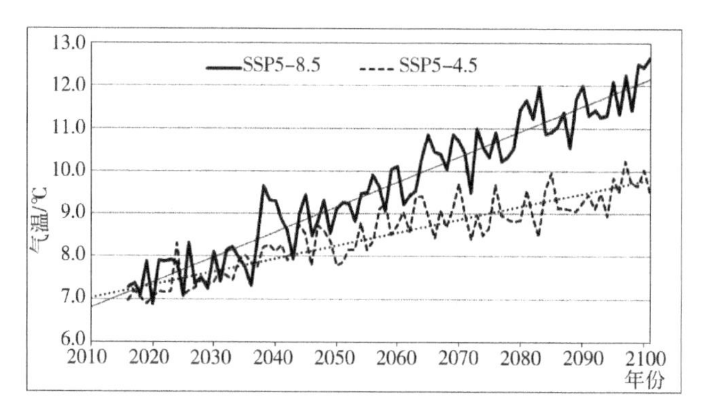

图 7-1　不同气候变化情景下我国气温变化趋势

可以看出，我国在两种气候变化情景下未来年平均气温都呈现增长趋势，其中 SSP5-8.5 情景下的气温变化在 2030 年后的增温速度和幅度要明显大于 SSP2-4.5 情景下。

7.1.2　气候变化情景下我国未来降水量变化

到 2100 年，在 SSP2-4.5 情景下，我国东北、黄淮海、长江中下游、华南、内蒙古这 5 个区年降水量增加幅度明显。其中，黄淮海的年降水量增加量最大，其他 4 个区的年降水增加量较小，降水量变化最小的是新疆。在 SSP5-8.5 情景下，我国东北、黄淮海、长江中下游、西南、内蒙古、西藏这 6 个区未来的年降水量增加趋势明显，增加量为 113～286 mm。其中，西南的年降水量变化最大，而华南、西北、新疆 3 个区降水量变化较小，变化量最小的是新疆。从全国平均情况来看，未来这两种气候变化情景下的降水量变化见图 7-2。

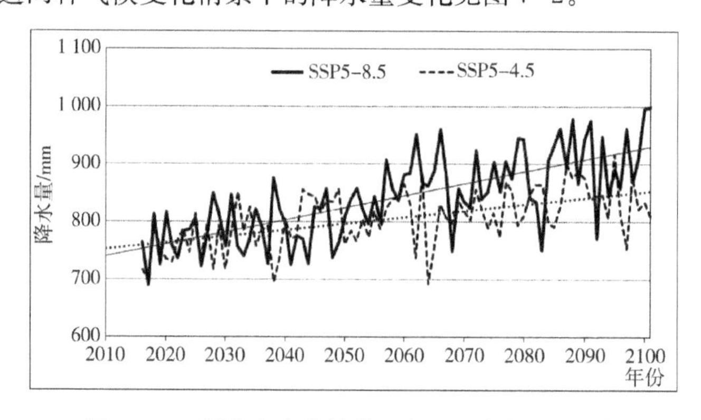

图 7-2　不同气候变化情景下我国降水量变化趋势

从图 7-2 可以看出，我国在未来气候变化的两种情景下，平均年降水量有增加的趋势，其中，SSP5-8.5 情景下的降水量变化在 2030 年后较 SSP2-4.5 情景下降水量的变化速度和幅度要大。

7.1.3　气候变化情景下我国未来蒸发量变化

到 2100 年，在 SSP2-4.5 情景下，我国九个区未来的年蒸发量增加趋势明显，增加量为 150.6～341.3 mm。其中，新疆的年蒸发量变化最大，增加了 341.3 mm，变化第二大的为华南，增加了 204.5 mm；蒸发量增加最少的是西藏，为 150.6 mm，其次为西北的 152.6 mm。在 SSP5-8.5 情景下，我国未来的年蒸发量增加趋势依然很明显，九个区分别增加 278.4～588.4 mm。其中，新疆的年蒸发量变化最大，增加了 588.4 mm，变化第二大的为内蒙古，增加了417.0 mm；蒸发量增加最少的是西南，为 278.4 mm，其次为东北的306.8 mm。从全国平均情况来看，未来这两种气候变化情景下的蒸发量变化趋势对比见图 7-3。

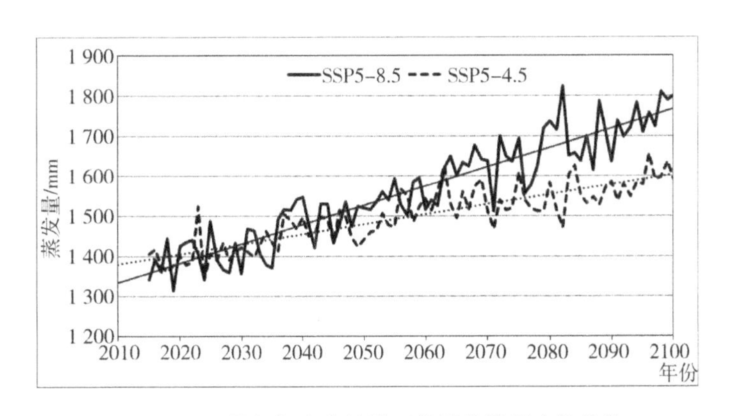

图 7-3　不同气候变化情景下我国蒸发量变化趋势

从图 7-3 可以看出，我国在气候变化的两种情景下，平均年蒸发量都呈增加趋势，其中，SSP5-8.5 情景下的蒸发量变化在 2030 年后较 SSP2-4.5 情景下蒸发量的变化速度和幅度要大。

7.2　气候变化情景下我国未来干旱分布格局和变化特征

7.2.1　我国未来气候干旱变化格局与趋势

年干旱指数变化趋势基本反映了未来气候干旱情势变化的趋势。从不同时期气候变化对我国各大区年干旱指数影响来看：

在 SSP2-4.5 情景下，到 2100 年，我国内蒙古、黄淮海、西南未来的气候干旱情势减轻；新疆、西藏和华南未来的气候干旱情势有可能加重，而东北、长江中下游和西北的气候干旱情势没有较大变化。经过对未来各大区年干旱指数统计后，分析得到我国平均年干旱指数未来变化量仅为−0.01。由此可知，在气候变化 BCC-CSM2-MR 模式的 SSP2-4.5 情景下，除了个别地区，我国未来气候干旱总情势变化不大，变化趋势几乎与现状持平。

在 SSP5-8.5 情景下，到 2100 年，我国西部即新疆、西北、西藏的气候干旱现象会加剧，而在我国的东北部包括内蒙古、东北、黄淮海气候干旱现象会减轻，西南、长江中下游和华南的气候干旱现象与现状基本持平。经过对各大区的年干旱指数统计后，分析得到在 SSP5-8.5 情景下，我国平均年干旱指数未来变化是增加的，变化量为 0.19。由此可知，在气候变化 BCC-CSM2-MR 模式的 SSP5-8.5 情景下，我国未来气候干旱总情势较现状有所加重。

图 7-4 给出了在气候变化情景下，我国平均年干旱指数在两种气候变化情景下的变化过程对比。

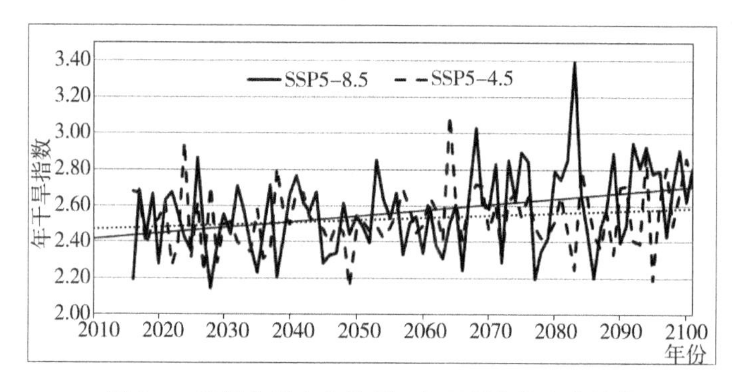

图 7-4　不同气候变化情景下年干旱指数变化趋势

从图 7-4 可以看出，在两种气候变化情景下，我国未来平均年干旱指数呈增加的趋势，但是 SSP5-8.5 情景下的年干旱指数要比 SSP2-4.5 情景下的年干旱指数变化幅度要大些、变化速率要快些，气候干旱现象要严重些。

根据我国气候干湿区域划分标准，表 7-1 给出了气候变化的 SSP2-4.5 情景下和 SSP5-8.5 情景下预测的我国各大区年干旱指数变化与现状年干旱指数的对比。

表 7-1 两种气候变化情景下年干旱指数变化对比

情景	大区名	东北	黄淮海	长江中下游	华南	西南	西北	内蒙古	新疆	西藏
现状	年干旱指数	2.29	3.03	1.03	0.97	1.58	4.15	6.25	22.06	4.33
	所属气候区	半干旱	半干旱	半湿润	湿润	半湿润	干旱	干旱	极干旱	干旱
SSP2-4.5情景预测	变化量	−0.17	−0.33	0.03	0.03	0.06	0.21	−0.64	1.19	0.08
	年干旱指数	2.12	2.70	1.06	1.00	1.64	4.36	5.61	23.25	4.41
	所属气候区	半干旱	半干旱	半湿润	半湿润	半干旱	干旱	干旱	极干旱	干旱
SSP5-8.6情景预测	变化量	−0.29	0.04	0.07	0.22	−0.08	0.33	−0.34	2.36	0.18
	年干旱指数	2.00	3.07	1.10	1.19	1.50	4.48	5.91	24.42	4.51
	所属气候区	半干旱	半干旱	半湿润	半湿润	半湿润	干旱	干旱	极干旱	干旱

气候区划分标准(GB/T 17297—1988)	气候区干湿程度	年干旱指数 γ
	湿润	$\gamma<1.0$
	半湿润	$1.0\leqslant\gamma<1.6$
	半干旱	$1.6\leqslant\gamma<3.5$
	干旱	$3.5\leqslant\gamma<16.0$
	极干旱	$\gamma\geqslant16.0$

从表中可以看出，在气候变化条件下，我国九大区中有七个区的气候属性未发生变化，而华南的气候属性由湿润区变为半湿润区，西南原属性为半湿润区，在 SSP2-4.5 情景下变为半干旱区，在 SSP5-8.5 情景下仍为半湿润区。总的来说，我国气候干旱的格局基本没有很大的变化。

7.2.2 我国未来气象干旱变化格局与趋势

在未来气候变化影响下，我国各大区气象干旱严重程度也将会发生变化。近期(2021—2040 年)的两个情景下，东北、黄淮海和内蒙古地区呈加重趋势。中期(2041—2070 年)的两个情景下，长江中下游、西南、新疆和西藏地区气象干旱呈加重趋势。远期(2071—2100 年)的 SSP2-4.5 情景下，黄淮海和西南地区气象干旱呈减缓趋势，其他地区气象干旱呈加重趋势；远期(2071—2100 年)的 SSP5-8.5 情景下，黄淮海、西南和内蒙古地区气象干旱呈减缓趋势，其他地区气象干旱呈加重趋势。

图 7-5 给出了气候变化两种情景下，我国标准化降水蒸发指数变化趋势的对比。

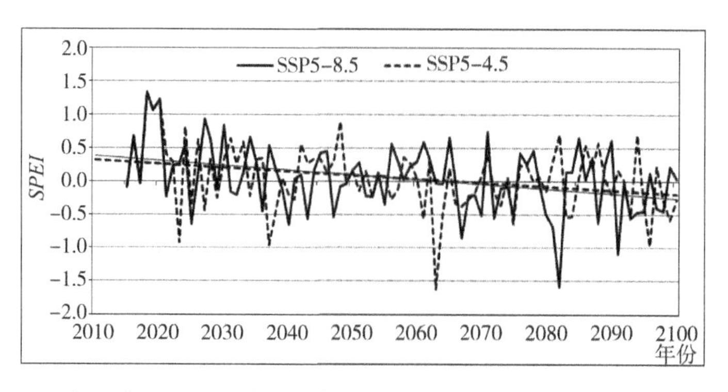

图 7-5 气候变化的两种情景下我国标准化降水蒸发指数(*SPEI*)变化趋势

从图 7-5 看出,在未来气候变化的两种情景下,全国标准化降水蒸发指数的变化呈下降趋势,表明气象干旱呈加重趋势。

7.2.3 我国未来水文干旱变化格局与趋势

在未来气候变化影响下,我国各大区水文干旱严重程度也将会发生变化。近期(2021—2040 年)的两个情景下,除东南诸河外,其他区域水文干旱呈加重趋势。中期(2041—2070 年)的两个情景下,长江、东南诸河、珠江、西南诸河、西北诸河水文干旱呈加重趋势。远期(2071—2100 年)除东南诸河外,其他区域水文干旱呈减缓趋势。

图 7-6 给出了气候变化两种情景下,我国标准化径流指数变化趋势的对比。

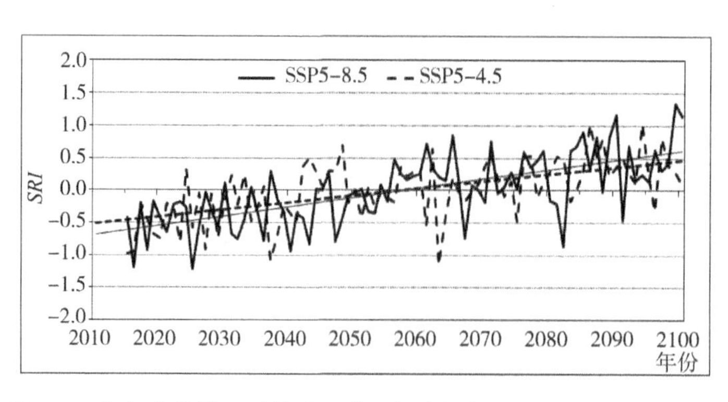

图 7-6 气候变化的两种情景下我国标准化径流指数(*SRI*)变化趋势

从图 7-6 看出,在未来气候变化的两种情景下,全国标准化径流指数的变化呈上升趋势,表明水文干旱呈减缓趋势。

7.2.4 我国未来农业干旱变化格局与趋势

在未来气候变化影响下，我国各大区受旱严重程度也将会发生变化。在BCC气候变化模式的SSP2-4.5情景下，我国黄淮海、内蒙古未来受旱率都是减少的，旱情有减轻趋势，东北、长江中下游、华南、西南、西北和新疆未来受旱率变化量都不大，趋势不明显，旱情严重程度基本维持现状。

在BCC气候变化模式的SSP5-8.5情景下，东北、黄淮海、内蒙古年受旱率变化为减少趋势，长江中下游、华南和西北年受旱率变化为增加趋势，西南和新疆年受旱率的变化基本平稳，旱情与现状基本持平。

图7-7给出了气候变化两种情景下我国年受旱率变化趋势的对比。

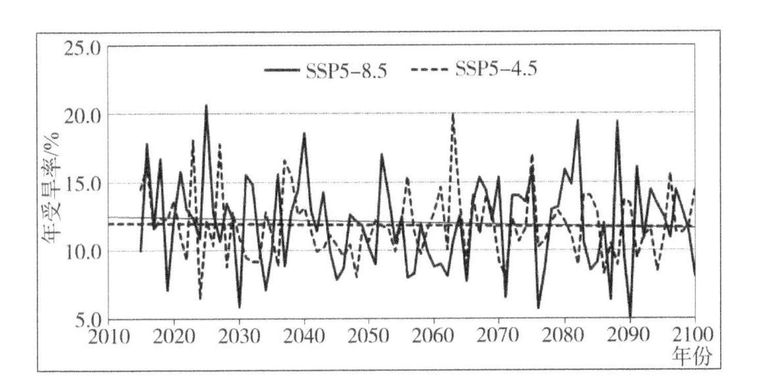

图7-7 气候变化的两种情景下我国年受旱率变化趋势

从图7-7看出，在未来气候变化的两种情景下，全国平均农业受旱率的变化趋势都不很明显。但是从发生气候变化的两种情景下所预测的出现严重旱情的次数来看，在SSP2-4.5情景下，发生年受旱率大于14%的次数有15次，而在SSP5-8.5情景下年受旱率大于14%的次数是23次，是前者的1.5倍，说明在SSP5-8.5情景下我国发生农业严重旱情的次数要多于SSP2-4.5情景下发生农业严重旱情的次数。

总的来说，我国的农业干旱在未来气候变化条件下受气象因子变化影响的变化趋势不明显，但是在SSP5-8.5情景下发生严重干旱的频次要大于SSP2-4.5情景下发生严重干旱的频次。

参考文献

[1] Griffies S M, Gnanadesikan A, Dixon K W, et al. Formulation of an ocean model for global climate imulations[J]. Ocean Science, 2005. 1(1):45-79.

[2] Liu X, Wu T, Yang S, et al. Performance of the seasonal forecasting of the Asian summer monsoon by BCC_CSM 1.1(m)[J]. Advances in Atmospheric Sciences, 2015, 32(8): 1156-1172.

[3] Winton M. A reformulated three-layer sea ice model[J]. Journal of atmospheric and oceanic technology, 2000. 17(4): 525-531.

[4] Wu T, Li W, Ji J, et al. Global carbon budgets simulated by the Beijing Climate Center Climate System Model for the last century[J]. Journal of Geophysical Research: Atmospheres, 2013a. 118(10): 4326-4347.

[5] Wu T, Lu Y, Fang Y, et al. The Beijing Climate Center Climate System Model (BCC-CSM): Main Progress from CMIP5 to CMIP6 [J]. Geoscience Model Development, Under review, 2018.

[6] Wu T, Song L, Liu X, et al. Progress in developing the short-range operational climate prediction system of China National Climate Center [J]. Journal of Applied Meteorological Science, 2013, 24(5): 533-543.

[7] 吴捷，任宏利，张帅，等. BCC 二代气候系统模式的季节预测评估和可预报性分析[J]. 大气科学，2017，41(6)：1300-1315.

[8] 辛晓歌，吴统文，张洁，等. BCC 模式及其开展的 CMIP6 试验介绍[J]. 气候变化研究进展，2019，15(5)：533-539.

[9] 吴统文，宋连春，李伟平，等. 北京气候中心气候系统模式研发进展——在气候变化研究中的应用[J]. 气象学报，2014，72(1)：12-29.

[10] 周天军，陈梓明，邹立维，等. 中国地球气候系统模式的发展及其模拟和预估[J]. 气象学报，2020，78(3)：332-350.